鸭茅 对铝毒和白三叶化感的响应机理

张美艳　薛世明　张英俊　杨国盟　黄必志　著

中国农业科学技术出版社

图书在版编目（CIP）数据

鸭茅对铝毒和白三叶化感的响应机理/张美艳等著.--北京：中国农业科学技术出版社，2023.10
ISBN 978-7-5116-6479-2

Ⅰ.①鸭… Ⅱ.①张… Ⅲ.①鸭茅－植物生理学 Ⅳ.① S543

中国国家版本馆 CIP 数据核字（2023）第 205929 号

责任编辑	陶　莲
责任校对	贾若妍　李向荣
责任印制	姜义伟　王思文

出 版 者	中国农业科学技术出版社
	北京市中关村南大街 12 号　　邮编：100081
电　　话	（010）82109705（编辑室）　（010）82109702（发行部）
	（010）82109709（读者服务部）
网　　址	https://castp.caas.cn
经 销 者	各地新华书店
印 刷 者	北京建宏印刷有限公司
开　　本	170 mm × 240 mm　1/16
印　　张	10
字　　数	180 千字
版　　次	2023 年 10 月第 1 版　2023 年 10 月第 1 次印刷
定　　价	80.00 元

◀ 版权所有·侵权必究 ▶

内容提要

鸭茅（*Dactylis glomerata* L.）是我国南方人工草地建植和退化草地生态功能恢复的重要草种，具有较强的耐阴性、耐贫瘠性和广泛的适应性，在混播草地中持久性较强。本书主要介绍了鸭茅对酸性土壤中铝离子胁迫和与白三叶混播条件下对白三叶化感作用的响应机理；研究对鸭茅在我国酸性土壤上的广泛栽培和利用具有很大的技术支撑作用，对我国草牧业和草地生态建设的可持续发展具有深远的意义。

资助项目：

国家牧草产业技术体系德宏综合试验站建设专项（CARS-34-52）

云南省中青年学术和技术带头人后备人才（2019HB035）

云南省任继周院士工作站（202305AF150154）

目 录

第一篇 鸭茅对铝毒的响应机理

第1章 铝胁迫对植物形态、生理特性和养分吸收的研究进展 ………… 2
1.1 研究背景 ……………………………………………………………… 2
1.2 国内外研究进展 ……………………………………………………… 3

第2章 酸性条件下鸭茅种子萌发及幼苗形态对铝胁迫的响应 ………… 25
2.1 酸性条件下鸭茅种子萌发对铝胁迫的耐受响应 …………………… 25
2.2 酸性条件下鸭茅幼苗生长及根系形态对铝胁迫的耐受响应 ……… 33

第3章 铝胁迫对鸭茅细胞膜透性和抗氧化系统的影响及外源硅的调控机理 …………………………………………………………… 46
3.1 铝胁迫对鸭茅细胞膜透性和抗氧化系统的影响 …………………… 47
3.2 外源硅对铝胁迫下鸭茅细胞膜透性和抗氧化系统的影响 ………… 63

第4章 酸性条件下铝胁迫对鸭茅养分吸收的影响及外源硅对铝累积的影响 ………………………………………………………………… 73
4.1 酸性条件下铝胁迫对鸭茅养分吸收的影响 ………………………… 73
4.2 外源硅对铝胁迫下鸭茅形态构建和植株体内铝累积的影响 ……… 97

第二篇 鸭茅对白三叶化感的响应机理

第5章 鸭茅+白三叶混播草地化感作用研究 ………………………… 112
5.1 鸭茅+白三叶混播草地化感作用研究进展 ………………………… 112
5.2 返青期白三叶化感作用对鸭茅种子萌发和幼苗生长的影响 ……… 117
5.3 返青期白三叶化感作用对鸭茅幼苗生理参数的影响 ……………… 128
5.4 开花期白三叶化感作用对鸭茅幼苗生理参数的影响 ……………… 138

第一篇

鸭茅对铝毒的响应机理

第1章
铝胁迫对植物形态、生理特性和养分吸收的研究进展

1.1 研究背景

随着工业的快速发展，全球大气酸沉降日益加剧，大气酸沉降被认为是威胁地球自然生态系统及人类生存环境的全球性环境问题，受到国内外科学家的广泛关注[1,2]。据统计，全世界约有50%的可耕地面积为酸性土壤（pH ≤ 5.0）[3-5]，主要分布在两个气候带，一个是北方的寒冷和湿润的温带地区，另一个是南方的热带、亚热带地区[6]，尤其是在发展中国家[4]，土壤酸化现象比较严重。

近年来，由于受到酸沉降的影响，我国已经成为世界第三大酸沉降区，土壤酸化面积正在迅速扩展。不仅仅是酸沉降导致土壤的酸化程度加剧[7]，人为引起的酸化过程，如氮肥的大量施用，更是加重土壤酸化的罪魁祸首。氮肥的大量施用能够直接或间接地导致土壤的酸化[8,9]，据报道，在我国，氮肥的施用率要明显高于北美、欧洲和一些亚洲国家[10-14]，而与土壤中氮循环有关的过程，可以释放出 $2 \times 10^4 \sim 2.2 \times 10^5$ mol H$^+$/(hm$^2 \cdot$a)。资料显示，我国酸性土壤面积已由原来的 2.03×10^8 hm^2（约占全国总面积的21%）[15-18]，增加到 6.58×10^8 hm^2（将近全国总面积的51%），在我国南方、西南、北方、东北均有分布，均表现出不同程度的土壤酸化现象（pH4.0~5.9）。土壤类型主要为南方和西南的淋溶红壤土（湿润铁铝土，Udic Ferralosols）、淋溶黄壤土（常湿淋溶土，Perudic Argosols），西南的紫色土（紫色湿润雏形土，Purpli-Udic Cambosols；湿润正常新成土，Udic-Orthic Primosols），北方和东北的黑土（Udic Isohumosols），深棕色土（冷凉湿润雏形土，Bori-Udic Cambosols）和棕色土（简育湿润淋溶土，Hapli-Udic Argosols）[12,19]。

第1章 铝胁迫对植物形态、生理特性和养分吸收的研究进展

铝（Al）作为一种轻金属，是地壳和土壤中普遍存在的元素，约占地壳总重量的7%[20,21]，而且工业废弃物中也含有大量的铝[22]。土壤中的铝大多以无毒的、非水溶态的硅酸盐或氧化物形式存在。当由于自然原因和人为因素，引起土壤酸化（pH < 5）之后，铝就会在酸性土壤中变成可溶的离子形态[23,24]，会对大多数植物产生毒害作用[4,6,15,25-27]。铝毒被认为是酸性土壤上植物生长和生产的最主要制约因子之一[4-6,20,21,28-35]。像盐胁迫一样，铝毒胁迫被认为是广泛存在的影响植物生长的主要离子胁迫之一[27,36]。

尽管可以施用石灰提高酸性土壤中作物产量，但会带来土壤径流污染等一些负面影响，因此，通过传统的育种方法或是基因工程手段来选育铝胁迫耐受型的植物品种是解决酸性土壤中植物产量的最佳方法[37]。而明确植物对Al^{3+}毒害的耐受机理是植物选育的必要前提。虽然在大麦[38,39]、甘菊[40]、北高丛越橘[41]、大豆[42,43]、豌豆[44,45]、菜豆[46]、玉米[47-49]、高粱[50]、苜蓿[51,52]和水稻[53]、多年生黑麦草[54]、高羊茅[55]等植物上做过有关铝胁迫植株生长、生理、形态和矿物养分等响应机理的研究。但是有关鸭茅耐受铝胁迫的种子萌发、形态和植株生长、形态、抗氧化系统和矿物养分吸收的响应机理尚不明确。另外，不同的植物种类和品种对铝胁迫的耐受程度存在较大的差异性[48,56]，而且不同植物耐受铝胁迫的机理本身就相当复杂，涉及生理、形态、营养、分子等多个方面，尤其是关于生长在我国酸性土壤上的一些牧草耐受铝胁迫的机理研究更是比较少见。因此需要加大力度开展一些优良牧草的耐受铝胁迫机理研究，以期为今后选育和开发优良的耐铝性牧草资源提供可靠的理论依据。

1.2 国内外研究进展

铝胁迫对植物毒害机理和植物的耐受性机理的相关研究日益受到关注。我国早在1995年利用土培的方式研究了铝胁迫［硫酸铝（$Al_2(SO_4)_3 \cdot 18H_2O$）的形式处理］对大豆和玉米等作物形态和生理特性的影响[57,58]。但是研究比较粗放，生理研究对象仅限于脯氨酸，形态研究对象仅限于根长等指标，对有关植物抗铝机理也不是很清楚。铝胁迫对植物生长的影响主要归因于一些生理、生化等途径[59]，包括一些形态、抗氧化系统和养分吸收等途径的变化。

1.2.1 铝胁迫对植物形态的影响

铝对植物抑制作用最开始和最显著的特征是抑制植物根系的伸长,通常被作为检测植物遭受 Al^{3+} 毒害程度的指标之一[4,60-62],与地上部分相比较,根系对铝胁迫的反应更加敏感。尽管一些研究表明根尖[63,64]或根系表层[65]是植物遭受 Al^{3+} 毒害后,抑制植物根系生长的主要起因,但是有关 Al^{3+} 毒害的机理仍然没有系统阐明[66]。

植物对 Al^{3+} 的胁迫反应包括短期反应(Al^{3+} 处理几分钟,或者更短的时间,几秒钟)和长期反应(Al^{3+} 处理几小时,或是更长时间)[54,67-69]。短短的几分钟或是微摩尔浓度的 Al^{3+} 处理,就能抑制根系的伸长[5,61,70]。研究表明,短期的 Al^{3+} 处理对植物整体形态没有显著的影响,长时间的 Al^{3+} 处理则表现出主根伸长严重受到抑制[35,71],虽然有关铝毒对植物的研究早在 105 年前国外就有报道[72]。但是关于铝毒和耐受机理非常复杂[4,5,73],之前的很多研究并没有得出一致的结果,仍需继续研究。以往的研究表明,Al^{3+} 对植物的毒害受到植物种类、品种、周围环境和土壤条件的影响[4,74]。有报道指出,生物量的减少和根系长度的缩短是酸性条件下植物遭受 Al^{3+} 毒害的主要症状之一[75]。根系矮小、发育不良、根毛短小是早期铝胁迫的症状[76]。挪威云杉上细胞悬浮培养研究得出,铝胁迫抑制挪威云杉的生长,主要归因于细胞死亡和细胞超微结构的变化(铝胁迫后,高尔基体上形成了小空泡,最终形成大空泡)[77]。在大麦上利用水培试验做过有关铝对植物生长、根系形态参数的研究[78],得出铝胁迫降低了植物的生长、生物量和光合速率,且对耐受型品种的影响较敏感型品种小。在菜豆上水培试验对植物根系和根尖吸收铝进行研究,表明铝胁迫明显抑制植物根系的生长[46]。对 16 个狗牙根品种对铝胁迫的研究,观测狗牙根根长、茎长、根的干重、茎的干重、根茎比等变化,表明不同狗牙根品种对铝的耐受程度有一定的差异[79]。对白三叶根的伸长、侧根的形成、根瘤的形成等铝胁迫研究得出,根的伸长和根瘤的形成均显著受到铝胁迫的抑制[80]。

铝胁迫通过不同的机理抑制植物根系的生长和伸长,包括铝和共质体、质膜和细胞壁的相互作用[4,81-83]。有关铝胁迫对植物生长和根系形态的研究,在一些植物中已经做过研究,像黑麦[69]、高羊茅[84]、大麦[78]、玉米[46,85,86]、大豆[87]、高粱[50]。但是有关鸭茅植株生长、形态对铝胁迫的响应机理研究却是鲜有报道。

1.2.2 铝胁迫对植物生理特性的影响

植物对铝胁迫的耐受响应被认为是一种遗传和生理的综合特性[88-90]。虽然铝本身不是过渡金属，不能催化氧化还原反应，但是铝可以诱导一些植物的氧化胁迫[91-95]。氧化胁迫是植物遭受 Al^{3+} 毒害的重要反应之一[91, 94-99]。且有报道指出，Al^{3+} 诱导的氧化胁迫是引起 Al^{3+} 处理下植物生长受到抑制的关键过程[99]，且氧化胁迫是植物遭受铝胁迫时，仅次于根系生长受阻的次级反应[60, 93, 100]。植物在受到铝胁迫等非生物胁迫情况下，植株体内就会有大量活性氧（ROS）的产生[38, 96, 98, 101-103]。ROS 的过量积累打破了植物体内氧化还原平衡，是引起氧化胁迫的主要原因[48, 104]。研究表明，铝胁迫和氧化胁迫之间存在密切关联[38, 44, 45, 92, 96, 100]，铝胁迫诱导了小麦体内过氧化氢含量和超氧离子数量的积累，无论是敏感型品种（Yangmai-5）还是耐受型品种（Jian-864），且敏感型品种积累得更多。研究指出 ROS 的积累很可能是铝胁迫诱导细胞死亡[38, 95, 105-107]的原因之一。植物体内 ROS 积累过多，会引起细胞结构损害，有氧代谢紊乱和根系伸长受抑[108]。

自然界中，植物自身体内具备酶抗氧化系统和非酶抗氧化系统，用来清除体内多余的 ROS，以保护植物自身免受氧化损害[53, 109-111]。研究表明，自由基的清除在植物耐受铝胁迫的响应机理中发挥着很重要的作用[41]。Carmak 提出，铝胁迫增加了大豆根尖的脂质过氧化和抗氧化酶活性的增加[91]。在小麦中研究得出，30 μM Al^{3+} 显著增加了丙二醛（MDA）含量、过氧化氢含量和超氧自由基量，并且增加了超氧化物歧化酶（SOD）、过氧化物酶（POD）、过氧化氢酶（CAT）等抗氧化酶的活性[108]。植物对铝胁迫诱导氧化胁迫的响应机理与植物的种类和组织水平有一定的关联[100]。有人在大麦上研究得出，铝胁迫严重抑制了大麦的生长，诱导了 CAT 等抗氧化酶活性增加[39]。也在大麦上的研究，得出铝胁迫诱导了根系脂质过氧化、膜透性的增加和根系中铝的积累[112]。在甘菊上，60 μM Al^{3+} 明显诱导了 POD 活性的提高[40]。铝胁迫诱导了高丛蓝莓脂质过氧化和 MDA 含量显著增加[41]。对小黑麦做的有关研究[60]，得出 Al^{3+} 处理引起了氧化胁迫，无论是敏感型品种还是耐受型品种中的 SOD 和 POD 活性，均随着 Al^{3+} 浓度的增加，而呈现显著的增加趋势。在高羊茅上进行有关铝胁迫对抗氧化酶影响的研究，得出铝胁迫诱导了高羊茅各品种抗氧化酶活性提高和 MDA 含量增加[55]。超氧化物歧化酶（SOD）在铝胁迫诱导的氧化胁迫中发挥着重要的作用，在多年生黑麦草上研究得出，铝胁迫明显诱导了 SOD 活性的增加和 SOD 同工酶的表达[54]。

由于质膜上羟基和磷酸基的负电性，质膜被认为是铝胁迫毒害的主要部位之一[66,113]。铝诱导了细胞质膜透性的变化[114-116]，细胞膜结构的变化是铝胁迫下植物增加细胞质钙离子活动、诱导胼胝质形成的重要先决条件[117]。质膜的破坏可能是铝胁迫引起根系生长受到抑制的原因之一[56,118]。Yamamoto 等发现 Al^{3+} 处理豌豆，引起了其根系中铝的积累、脂质过氧化和质膜完整性受到机械破坏[93]。在大豆上做过研究，得出 Al^{3+} 毒害诱导了大豆根尖脂质过氧化增强和抗氧化酶活性的提高[91]。铝胁迫对紫花苜蓿不同品种的游离脯氨酸含量、叶绿素含量等生理生化指标的研究，得出不同紫花苜蓿品种对 Al^{3+} 的敏感程度不同，铝胁迫显著增加了体内游离脯氨酸的含量，尤其是杂交种（♀Acrora×德钦苜蓿♂）体内脯氨酸含量增加最为显著[119]。

虽然，有关铝胁迫在大麦[39,120]、小黑麦[60]、甘菊[40]、高丛蓝莓[41]、豌豆[44,45]、菜豆[46]、玉米[48]、大麦[38]、苜蓿[51,52]、多年生黑麦草[54]、水稻[53,116,121]做过有关抗氧化系统和膜透性对铝胁迫的响应研究。而有关这方面鸭茅耐受铝胁迫的响应却鲜有报道。此外，将细胞膜透性和抗氧化系统综合研究的报道较少[48]。

1.2.3　铝胁迫对植物养分吸收的影响

铝胁迫对植物根系的伸长造成阻碍，进而减少了植物对一些营养元素的吸收。研究表明，Al^{3+} 可与果胶质结合、竞争 K^+、Ca^{2+}、Mg^{2+} 等在根细胞膜上的吸附位点，并干扰 Fe^{3+} 向 Fe^{2+} 转变，诱导缺铁症，还可在根表或质外体与磷发生沉淀，使磷吸收受阻[122]。铝胁迫对植物毒害的症状和养分缺乏较为相似[123,124]，尤其是植株地上部遭受 Al^{3+} 毒害的抑制症状与缺 P、缺 Ca 和缺 Fe 的症状相似[125]，这可能归因于 Al^{3+} 抑制了根系的发育[4,35,71]。

研究指出，铝胁迫能够干扰 Ca、Mg、K、P、Cu、Fe、Mn 和 Zn 等必需元素的吸收、转运和利用[126,127]。铝的供应水平和地上部铝积累量之间存在相关性，但是其相关性并不是普遍存在于植物中[62]。铝毒引起的地上部分毒害症状与缺 Ca、缺 P 和缺 Fe 的症状相似[125]，主要症状有：植株矮小，叶片变小、深绿，成熟期推迟，茎、叶及叶脉颜色加深、变紫，叶尖黄化和死亡，幼叶卷曲和生长点坏死[128,129]。研究者在大豆上的研究，得出铝毒敏感型的品种比耐受型的品种吸收更多的铝[130]。在水稻上得出，加硅处理后，显著降低根系和茎叶对铝的吸收和积累，但是茎叶中积累的铝要远高于根系中的积累量[76]。研究指出，植物遭受铝胁迫的毒害与Al^{3+}浓度水平有关，植物吸收和积累铝会影响一些生理和生化过程[47, 77]。在甘菊中，60 μM Al^{3+} 和 120 μM Al^{3+} 处理后，茎叶中铝含量与对照处理差异不显著（$P > 0.05$），而根系铝含量却显著增加[40]。在高丛蓝莓，设计了 0 μM Al^{3+}、25 μM Al^{3+}、50 μM Al^{3+}、100 μM Al^{3+} 和 200 μM Al^{3+} 处理，得出铝胁迫引起根系对铝的大量积累[41]。

铝胁迫通过作用于根系生长区，从而使植物的根系变得短粗、脆弱，进而影响根系对养分和水分的吸收，抑制植株整体生长，这些被认为是铝胁迫对植物根系产生的毒害作用所导致的间接胁迫症状，是一种铝胁迫的综合症状[62]。研究表明，一年生黑麦草在铝胁迫下，根系吸收的铝向茎中运输得很少，大部分都留在根系组织里[131]；铝胁迫后早熟禾茎里的 Al^{3+} 含量比根中少很多[132]；铝胁迫严重减少了苜蓿的干物质产量，苜蓿根系 P 和 Al 的积累与苜蓿的耐受铝胁迫有关[133]。高羊茅上研究得出，铝胁迫显著降低了根系和茎中的磷含量[84]。Baldwin 等研究表明，铝胁迫影响了 10 种暖季型草坪草对磷和钙的吸收，对钾的影响不明显[134]。

由于铝毒引起植物根系的异常生长，从而根系对养分和水分的吸收也很可能受到影响[3]。钼是植物生殖发育中必需的元素之一[135]。也是含钼酶的辅助因子，在植物许多新陈代谢过程中发挥着重要的作用，像硝酸盐的同化、激素的合成、嘌呤代谢、亚硫酸盐氧化脱毒等过程[136, 137]，并参与了 N、S、C 的代谢[137-139]。含钼酶在生物圈中是十分特殊的一类酶，存在于厌氧和自养生物中，在三物（微生物、动物、植物）代谢中均发挥着重要的作用[140]。由于含钼酶参与了植物的逆境适应过程，因此，研究逆境胁迫下钼的变化机理对提高植物抗逆性具有十分重要的农业意义[137]。高浓度的钼会导致植物生理过程的失调和代谢途径的变化[141-143]。

1.2.4 外源加硅缓解铝胁迫的相关研究

硅（Si）作为一种非金属元素，是地壳表面和土壤中的第二大元素，但是其并没有被列入高等植物的必需元素的范围[144, 145]。虽然其在植物体上的生物学功能还不是十分明确，但其却是许多植物的重要组成物质[146]。在土壤中，硅通常以硅酸的形式存在于土壤溶液中，一般浓度为 0.1～0.6 mM，远高于土壤溶液中 P 的含量[145, 147]。研究表明，硅是有益于植物生长和营养的元素，能够促进一些植物的健康生长和正常发育，尤其禾本科植物，像水稻和甘蔗，以及一些莎草科植物[146, 148-150]。Epstein 1999 年首次提出，硅是有益于植物生长和营养的元素[145]。之后，硅被再次建议将其列入高等植物的必需元素范畴[151,152]。硅占植物茎叶干重的10%，这是其他N、P、K等必需大量元素的几倍[153]。硅不仅有利于植物的生长、发育和抗病性[154]，而且能保护植物免受生物和非生物胁迫[155,156]。硅能减轻金属离子、盐和营养不良等化学胁迫，干旱、倒伏、辐射、高温、冻害和紫外线等物理胁迫及其他一些胁迫[145,154,157]。

最早的关于硅缓解金属离子胁迫报道是关于锰毒的研究，早在1957年Williams和Vlamis就发现，加硅可以减轻大麦的锰毒胁迫症状[158]。1969年报道提出添加硅可作为减轻西红柿铝胁迫的一种方法。硅不仅能够缓解一些植物的锰毒症状，还能缓解铝等对植物的毒害作用[159]。

硅缓解铝胁迫的机理有以下几种：①在土壤溶液中形成胶状的、迟钝的硅铝化合物，从而降低土壤溶液中Al^{3+}的毒性[151,160,161]，添加偏硅酸钠（Na_2SiO_3）会引起植物生长介质中硅铝的共沉淀，进而减轻铝胁迫症状，这可能是外源添加硅缓解铝毒的机理之一[150]。②诱导植物根系分泌酚类物质来螯合溶液中的Al^{3+}[162]。③在植物体非原质体形成水合硅铝化合物[163,164]。前两种为外部缓解铝毒的机理，第三种为内部机理。

硅能够增强一些植物抵抗重金属毒害的抗性[163,165,166]。硅铝互作减轻了植物生长介质中的金属离子毒性被认为是一种硅减轻铝胁迫的外部机理[167]。在大豆和玉米上的研究证实了上述这一观点[160,168]。在墨西哥类玉米做过添加硅缓解铝毒胁迫的试验，得出在60 μM Al^{3+}或120 μM Al^{3+}时，分别添加4 μM Si就可以缓解植株受抑症状[169]。这主要归因于加硅处理后，植物吸收铝受到了抑制，进而减轻Al^{3+}对植物的毒害[170]。前人做了关于外源加硅对铝胁迫下大麦[171]生长和矿物吸收的影响，得出Al^{3+}处理显著增加了细胞膜透性；加硅明显减轻了50 μM Al^{3+}处理下的植物生长受抑症状，并当植物处于75 μM Al^{3+}和高于此浓度的条件下，加硅处理显著降低了植株根系长度、干重和茎叶N、P含量和根系N、K含量，却增加了茎叶P含量。并且处于铝胁迫条件下时，增加硅的浓度会增加茎叶中铝含量，而当溶液中铝浓度增加时，又会降低茎叶中Si的含量，并提出，硅缓解大麦的铝胁迫症状，很可能与矿物养分的吸收有关[150]。此外，研究表明玉米植株预先添加硅处理后，能够有效地对抗Al^{3+}胁迫对根系伸长的抑制，并减少植物对铝的吸收[47]。Kidd等对玉米根系分泌物耐受铝毒及外源添加硅缓解玉米的有关铝胁迫症状进行了研究[162]。这进一步证明了硅铝之间存在显著的交互作用。有研究指出，硅缓解植株铝毒胁迫的效果受植物种类、Al^{3+}浓度、加硅浓度和植物经受胁迫的时间的影响[150]。

Shahnaz 利用水培试验，研究了硅和铝对紫草科琉璃苣 MDA 含量、脯氨酸含量、蛋白等的交互影响，得出，铝明显增加了 MDA 含量，脯氨酸含量和蛋白质含量，硅通过提高脯氨酸含量和降低脂质过氧化的程度，进而抵消了铝胁迫的负面效应，增强了琉璃苣的耐受性[112]。对玉米研究发现，外源添加 0.14 mM Si 能够缓解铝胁迫下植株根系长度的受抑症状，调控铝胁迫下地上部茎叶和地下根系对铝、钙和硅的吸收和积累，进而减少铝胁迫对植株的毒害[172]。但是也有研究指出，硅对提高棉花等植物铝胁迫的耐受性没有显著影响[173, 174]。

尽管之前在高粱[175]、大麦[171]、大豆[168]、水稻[76]、小麦[176]、棉花[168]、玉米[47, 163, 172]等作物上做了一些关于外源添加硅缓解铝胁迫的研究，但是相关机理却依然不是很清楚，这和硅缓解植物非生物胁迫是个综合反应的过程，而不是单一效应有关[144]。而且关于硅对铝胁迫条件下鸭茅养分离子在根、茎和叶的分配的报道较少。

1.2.5 鸭茅的分布和耐铝研究

鸭茅（*Dactylis glomerata* L.），又名鸡脚草、果园草，是一种温带地区重要的牧草品种，起源于欧洲、亚洲和北非[177, 178]。之后又被引入北美洲，现已在亚洲、欧洲、北美洲和大洋洲等地区广泛种植[179-182]。鸭茅作为一种优良的饲草作物在我国很多省份分布，在新疆和四川存在野生种，常生长在森林、灌木边缘和草地中[183, 184]。由于其较高的产量和良好的品质，鸭茅被广泛地利用和栽培，在我国草地生态和草食畜牧业中发挥着重要的作用[24, 181, 185, 186]，常被用于草地建植，天然草地改良与草地生态恢复。

但是关于其耐受铝离子毒害机理的研究却鲜有报道。仅见较少的关于其在酸性土壤中生长反应的报道。Clark 和 Baligar 报道发现，在酸性土壤中 Al^{3+} 含量高的情况下，会对鸭茅生长造成毒害作用[187]。Culvenor 等利用水培试验研究表明，与球茎藨草相比，鸭茅更加耐受 Al^{3+} 胁迫[188, 189]。新西兰专家 Wheeler 等得出鸭茅品种雅阁（Accord），是一种中度耐受铝的草种，鸭茅品种 Apanui 和 Kara，对铝胁迫为中度敏感，而鸭茅品种瓦纳（Wana）则比较耐铝[190]。罗涛等在福建强酸、低磷的红壤区进行鸭茅等牧草的引种筛选试验，得出鸭茅能在瘠薄的红壤地区良好生长[191]。但是，有关鸭茅对酸性土壤上 Al^{3+} 毒害的响应机理并不十分清楚。因此，研究鸭茅铝胁迫耐受响应及硅铝互作机理，对鸭茅在我国酸性土壤上的广泛栽培和利用具有很大的帮助，对于我国草地畜牧业的可持续发展具有深远的意义。

参考文献

[1] REUSS J, WALTHALL P. Acidic Precipitation. Soil Reaction and Acidic Deposition [M]. New York: Springer-Verlag. 1990: 1–33.

[2] GALLOWAY J N. Acid deposition: perspectives in time and space [J]. Water, Air, and Soil Pollution, 1995, 85(1): 15–24.

[3] FOY C D. Plant adaptation to acid, aluminum - toxic soils [J]. Communications in Soil Science and Plant Analysis, 1988, 19(7–12): 959–987.

[4] KOCHIAN L V. Cellular mechanisms of aluminum toxicity and resistance in plants [J]. Annual Review of Plant Physiology and Plant Molecular Biology, 1995, 46: 237–260.

[5] KOCHIAN L, PIñEROS M, HOEKENGA O. The physiology, genetics and molecular biology of plant aluminum resistance and toxicity [J]. Plant and Soil, 2005, 274(1): 175–195.

[6] VON UEXKüLL H R, MUTERT E. Global extent, development and economic impact of acid soils [J]. Plant and Soil, 1995, 171(1): 1–15.

[7] 何园球，孙波．红壤质量演变与调控 [M]．北京：科学出版社，2008: 132.

[8] JUO A, DABIRI A, FRANZLUEBBERS K. Acidification of a kaolinitic Alfisol under continuous cropping with nitrogen fertilization in West Africa [J]. Plant and Soil, 1995, 171(2): 245–253.

[9] NOBUHIKO M, MASAHIKO S, EIJI S, et al. Acidification and soil productivity of allophanic andosols affected by heavy application of fertilizers (soil fertility) [J]. Soil Science and Plant Nutrition, 2005, 51(1): 117–123.

[10] ZHANG Y, LIU X J, FANGMEIER A, et al. Nitrogen inputs and isotopes in precipitation in the North China Plain [J]. Atmospheric Environment, 2008, 42(7): 1436–1448.

[11] JU XT, XING GX, CHEN XP, et al. Reducing environmental risk by improving N management in intensive Chinese agricultural systems [J]. Proceedings of the National Academy of Sciences, 2009, 106(9): 3041–3046.

[12] GUO J H, LIU X J, ZHANG Y, et al. Significant acidification in major Chinese croplands [J]. Science, 2010, 327(5968): 1008–1010.

[13] LIU X J, JU X T, ZHANG F S, et al. Nitrogen dynamics and budgets in a winter wheat-

maize cropping system in the North China Plain [J]. Field Crops Research, 2003, 83(2): 111-124.

[14] FUJII K, FUNAKAWA S, HAYAKAWA C, et al. Quantification of proton budgets in soils of cropland and adjacent forest in Thailand and Indonesia [J]. Plant and Soil, 2009, 316(1-2): 241-255.

[15] 钱庆, 毕玉芬, 朱栋斌. 利用野生苜蓿资源进行耐酸铝研究的前景 [J]. 中国农学通报, 2006, (4): 248-251.

[16] 彭安, 王文华. 环境生物无机化学 [M]. 北京: 北京大学出版社, 1992.

[17] 全国土壤调查办公室. 中国土壤 [Z]. 北京: 中国农业出版社, 1998: 95-96, 950

[18] 赵其国, 张桃林, 鲁如坤, 等. 中国东部红壤地区土壤退化的时空变化、机理及调控 [M]. 北京: 科学出版社, 2002: 70.

[19] GUO J H, LIU X J, ZHANG Y, et al. Supporting online material for significant acidification in major Chinese croplands [J]. Science on Line, 2010, 327(5968): 3-19.

[20] MA J F, RYAN P R, DELHAIZE E. Aluminium tolerance in plants and the complexing role of organic acids [J]. Trends in Plant Science, 2001, 6(6): 273-278.

[21] POSCHENRIEDER C, GUNSé B, CORRALES I, et al. A glance into aluminum toxicity and resistance in plants [J]. Science of the Total Environment, 2008, 400(1-3): 356-368.

[22] MOHD T N, POH S, SURATMAN S, et al. Determination of trace metals in airborne particulate matter of Kuala Terengganu, Malaysia [J]. Bulletin of Environmental Contamination and Toxicology, 2009, 83(2): 199-203.

[23] MILLER G, MAMO M, DRIJBER R, et al. Sorghum growth, root responses, and soil - solution aluminum and manganese on pH - stratified sandy soil [J]. Journal of Plant Nutrition and Soil Science, 2009, 172(1): 108-117.

[24] ZENG B, ZHANG X Q, LAN Y, et al. Evaluation of genetic diversity and relationships in orchardgrass (*Dactylis glomerata* L.) germplasm based on SRAP markers [J]. Canadian Journal of Plant Science, 2008, 88(1): 53-60.

[25] VAN BREEMEN N. Environmental science: acidification and decline of Central European forests [J]. Nature, 1985, 315(6014): 16.

[26] KOCHIAN L V, HOEKENGA O A, PINEROS M A. How do crop plants tolerate acid soils? Mechanisms of aluminum tolerance and phosphorous efficiency [J]. Annual Review of Plant Biology, 2004, 55(1): 459-493.

[27] TAHARA K, YAMANOSHITA T, NORISADA M, et al. Aluminum distribution and reactive oxygen species accumulation in root tips of two Melaleuca trees differing in

aluminum resistance [J]. Plant and Soil, 2008, 307(1–2): 167–178.

[28] 黎晓峰. 几种禾本科作物对铝的敏感性或耐性 [J]. 广西农业生物科学, 2002, 21(1): 16–20.

[29] 仝雅娜, 丁贵杰. 铝对植物生长发育及生理活动的影响 [J]. 西部林业科学, 2008, 37(4): 56–60.

[30] RAO I M, ZEIGLER R S, VERA R, et al. Selection and breeding for acid-soil tolerance in crops [J]. Bioscience, 1993, 43(7): 454–465.

[31] FOY C D, CHANEY R L, WHITE M C. The physiology of metal toxicity in plants [J]. Annual Review of Plant Physiology, 1978, 29(1): 511–566.

[32] WILLIAMS R J P. Aluminium and biological systems: an introduction [J]. Coordination Chemistry Reviews, 1996, 149(0): 1–9.

[33] MA J F. Role of organic acids in detoxification of aluminum in higher plants [J]. Plant and Cell Physiology, 2000, 41(4): 383–390.

[34] MORA M L, SCHNETTLER B, DEMANET R. Effect of liming and gypsum on soil chemistry, yield, and mineral composition of ryegrass grown in an acidic andisol [J]. Communications in Soil Science and Plant Analysis, 1999, 30(9–10): 1251–1266.

[35] DELHAIZE E, RYAN P R. Aluminum toxicity and tolerance in plants [J]. Plant Physiology, 1995, 107(2): 315–321.

[36] BARCELÓ J, POSCHENRIEDER C. Fast root growth responses, root exudates, and internal detoxification as clues to the mechanisms of aluminium toxicity and resistance: a review [J]. Environmental and Experimental Botany, 2002, 48(1): 75–92.

[37] DE LA FUENTE J M, RAMíREZ-RODRíGUEZ V, CABRERA-PONCE J L, et al. Aluminum tolerance in transgenic pants by alteration of citrate synthesis [J]. Science, 1997, 276(5318): 1566–1568.

[38] TAMÁS L, HUTTOVÁ J, MISTRíK I, et al. Aluminium-induced drought and oxidative stress in barley roots [J]. Journal of Plant Physiology, 2006, 163(7): 781–784.

[39] LI Q Y, NIU H B, YIN J, et al. Transgenic barley with overexpressed PTrx increases aluminum resistance in roots during germination [J]. Journal of Zhejiang University: Science B, 2010, 11(11): 862–870.

[40] KOVÁČIK J, KLEJDUS B, HEDBAVNY J. Effect of aluminium uptake on physiology, phenols and amino acids in Matricaria chamomilla plants [J]. Journal of Hazardous Materials, 2010, 178(1–3): 949–955.

[41] REYES-DíAZ M, INOSTROZA-BLANCHETEAU C, MILLALEO R, et al. Long-

term aluminum exposure effects on physiological and biochemical features of highbush blueberry cultivars [J]. Journal of the American Society for Horticultural Science, 2010, 135(3): 212-222.

[42] SHAMSI I H, WEI K, JILANI G, et al. Interactions of cadmium and aluminum toxicity in their effect on growth and physiological parameters in soybean [J]. Journal of Zhejiang University-Science B, 2007, 8(3): 181-188.

[43] ZHANG X B, PENG L, YANG Y, et al. Effect of Al in soil on photosynthesis and related morphological and physiological characteristics of two soybean genotypes [J]. Botanical Studies, 2007, 48(4): 435-444.

[44] PANDA S K, MATSUMOTO H. Changes in antioxidant gene expression and induction of oxidative stress in pea (*Pisum sativum* L.) under Al stress [J]. Biometals, 2010, 23(4): 753-762.

[45] SUJKOWSKA-RYBKOWSKA M. Reactive oxygen species production and antioxidative defense in pea (*Pisum sativum* L.) root nodules after short-term aluminum treatment [J]. Acta Physiologiae Plantarum, 2012,8: 1-14.

[46] YANG Z B, ETICHA D, RAO I M, et al. Alteration of cell-wall porosity is involved in osmotic stress-induced enhancement of aluminium resistance in common bean (*Phaseolus vulgaris* L.) [J]. Journal of Experimental Botany, 2010, 61(12): 3245-3258.

[47] CORRALES I, POSCHENRIEDER C, BARCELÓ J. Influence of silicon pretreatment on aluminium toxicity in maize roots [J]. Plant and Soil, 1997, 190(2): 203-209.

[48] GIANNAKOULA A, MOUSTAKAS M, SYROS T, et al. Aluminum stress induces up-regulation of an efficient antioxidant system in the Al-tolerant maize line but not in the Al-sensitive line [J]. Environmental and Experimental Botany, 2010, 67(3): 487-494.

[49] VARDAR F, ISMAILOĞLU I, INAN D, et al. Determination of stress responses induced by aluminum in maize (*Zea mays*) [J]. Acta Biologica Hungarica, 2011, 62(2): 156-170.

[50] DA CRUZ F J R, DA SILVA LOBATO A K, DA COSTA R C L, et al. Aluminum negative impact on nitrate reductase activity, nitrogen compounds and morphological parameters in sorghum plants [J]. Australian Journal of Crop Science, 2011, 5(6): 641-645.

[51] CHEN Q, ZHANG X D, WANG S S, et al. Transcriptional and physiological changes of alfalfa in response to aluminium stress [J]. Journal of Agricultural Science, 2011, 149(6): 737-751.

[52] FAN F, LI X W, WU Y M, et al. Differential expression of expressed sequence tags in alfalfa roots under aluminum stress [J]. Acta Physiologiae Plantarum, 2011, 33(2): 539-

546.

[53] SHARMA P, DUBEY R. Involvement of oxidative stress and role of antioxidative defense system in growing rice seedlings exposed to toxic concentrations of aluminum [J]. Plant Cell Reports, 2007, 26(11): 2027–2038.

[54] CARTES P, MCMANUS M, WULFF-ZOTTELE C, et al. Differential superoxide dismutase expression in ryegrass cultivars in response to short term aluminium stress [J]. Plant and Soil, 2012, 350(1–2): 353–363.

[55] JIN S H, LI X Q, JIA X L. Genotypic differences in the responses of gas exchange, chlorophyll fluorescence, and antioxidant enzymes to aluminum stress in *Festuca arundinacea* [J]. Russian Journal of Plant Physiology, 2011, 58(4): 560–566.

[56] JANSEN S, BROADLEY M, ROBBRECHT E, et al. Aluminum hyperaccumulation in angiosperms: a review of its phylogenetic significance [J]. The Botanical Review, 2002, 68(2): 235–269.

[57] 彭嘉桂, 陈成榕, 卢和顶. 玉米铝（Al）胁迫研究初报 [J]. 热带亚热带土壤科学, 1995(2): 97–101.

[58] 彭嘉桂, 陈成榕, 卢和顶, 等. 铝（Al）对不同耐性作物品种形态和生理特性的影响 [J]. 生态学报, 1995(1): 104–107.

[59] ROY A K, SHARMA A, TALUKDER G. Some aspects of aluminum toxicity in plants [J]. The Botanical Review, 1988, 54(2): 145–178.

[60] LIU Q, YANG J, HE L, et al. Effect of aluminum on cell wall, plasma membrane, antioxidants and root elongation in triticale [J]. Biologia Plantarum, 2008, 52(1): 87–92.

[61] MATSUMOTO H, SIVAGURU M. Advances in the aluminum toxicity and tolerance of plants for increased productivity in acid soils [M]. New York: Nova Science, 2008.

[62] 张福锁. 植物营养生态生理学和遗传学 [M]. 北京：中国科学技术出版社, 1993: 254–255

[63] ISHIKAWA H, EVANS M L. Specialized zones of development in roots [J]. Plant Physiology, 1995, 109: 725–727.

[64] SIVAGURU M, HORST W. The distal part of the transition zone is the most aluminum-sensitive apical root zone of maize [J]. Plant Physiology, 1998, 116: 155–163.

[65] JONES D L, BLANCAFLOR E B, KOCHIAN L V, et al. Spatial coordination of aluminium uptake, production of reactive oxygen species, callose production and wall rigidification in maize roots [J]. Plant Cell and Environment, 2006, 29(7): 1309–1318.

[66] ZHENG S, YANG J. Target sites of aluminum phytotoxicity [J]. Biologia Plantarum, 2005,

49(3): 321-331.

[67] RENGEL Z. Uptake of aluminium by plant cells [J]. New Phytologist, 1996, 134(3): 389-406.

[68] AHN S J, SIVAGURU M, OSAWA H, et al. Aluminum inhibits the H+-ATPase activity by permanently altering the plasma membrane surface potentials in squash roots [J]. Plant Physiology, 2001, 126(4): 1381-1390.

[69] MA Q, RENGEL Z, KUO J. Aluminium toxicity in rye (secale cereale): root growth and dynamics of cytoplasmic Ca^{2+} in intact root tips [J]. Annals of Botany, 2002, 89(2): 241-244.

[70] LLUGANY M, POSCHENRIEDER C, BARCELÓ J. Monitoring of aluminium-induced inhibition of root elongation in four maize cultivars differing in tolerance to aluminium and proton toxicity [J]. Physiologia Plantarum, 1995, 93(2): 265-271.

[71] RYAN P R, DITOMASO J M, KOCHIAN L V. Aluminium toxicity in roots: an investigation of spatial sensitivity and the role of the root Cap [J]. Journal of Experimental Botany, 1993, 44(2): 437-446.

[72] HARTWELL B L, PEMBER R F. The prensence of aluminum as a reason for difference in the effect of so-called acid soils on barley and rye [J]. Soil Science, 1918, 6: 259-279.

[73] DUNCAN R R. Plant tolerance to acid soil constraints: genetic resources, breeding methodology, and plant improvement[M]. 2 ed. New York: Marcel Dekker, 2000.

[74] DUNCAN R R, CARROW R N. Seashore Paspalum-The Environmental Turfgrass [M]. Chelse: Ann Arbor Press, 2000.

[75] POSCHENRIEDER C, GUNSÉ B, CORRALES I, et al. A glance into aluminum toxicity and resistance in plants [J]. Science of the Total Environment, 2008, 400(1): 356-368.

[76] SINGH V, TRIPATHI D, KUMAR D, et al. Influence of exogenous silicon addition on aluminium tolerance in rice seedlings [J]. Biological Trace Element Research, 2011, 144(1): 1260-1274.

[77] PRABAGAR S, HODSON M J, EVANS D E. Silicon amelioration of aluminium toxicity and cell death in suspension cultures of Norway spruce [*Picea abies* (L.) Karst.] [J]. Environmental and Experimental Botany, 2011, 70(2-3): 266-276.

[78] ZHANG G, ALI S, ZENG F, et al. The effect of chromium and aluminum on growth, root morphology, photosynthetic parameters and transpiration of the two barley cultivars [J]. Biologia Plantarum, 2011, 55(2): 291-296.

[79] LIU H. Aluminum resistance among seeded bermudagrasses [J]. Hortscience A Publication

of the American Society for Horticultural Science, 2005, 40(1): 221-223.

[80] BRAUER D, STALEY T. Early developmental responses of white clover roothair lengths to calcium, protons, and aluminum in solution and soil cultures [J]. 2005, 45(4): 1216-1222.

[81] PIÑEROS M A, KOCHIAN L V. A patch-clamp study on the physiology of aluminum toxicity and aluminum tolerance in maize. Identification and characterization of Al^{3+}-induced anion channels [J]. Plant Physiology, 2001, 125(1): 292-305.

[82] YANG J L, LI Y Y, ZHANG Y J, et al. Cell wall polysaccharides are specifically involved in the exclusion of aluminum from the rice root apex [J]. Plant Physiology, 2008, 146(2): 602-611.

[83] LI Y Y, YANG J L, ZHANG Y J, et al. Disorganized distribution of homogalacturonan epitopes in cell walls as one possible mechanism for aluminium-induced root growth inhibition in maize [J]. Annals of Botany, 2009, 104(2): 235-241.

[84] FOY C D, MURRAY J J. Developing aluminum - tolerant strains of tall fescue for acid soils [J]. Journal of Plant Nutrition, 1998, 21(6): 1301-1325.

[85] ETICHA D, STASS A, HORST W J. Cell - wall pectin and its degree of methylation in the maize root - apex: significance for genotypic differences in aluminium resistance [J]. Plant, Cell & Environment, 2005, 28(11): 1410-1420.

[86] MARON L G, KIRST M, MAO C, et al. Transcriptional profiling of aluminum toxicity and tolerance responses in maize roots [J]. New Phytologist, 2008, 179(1): 116-128.

[87] SHAMSI I, WEI K, ZHANG G, et al. Interactive effects of cadmium and aluminum on growth and antioxidative enzymes in soybean [J]. Biologia Plantarum, 2008, 52(1): 165-169.

[88] TAYLOR G J. Current views of the aluminum stress response; the physiological basis of tolerance [J]. Current Topics in Plant Biochemistry and Physiology, 1991, 10: 57-93.

[89] DVORÁK J, EPSTEIN E, GALVEZ A, et al. Genetic basis of plant tolerance of soil toxicity [M]. STALKER H T, MURPHY J P. Plant Breeding in the 1990s. Wallingford: C.A.B. International. 1992: 201-217.

[90] WENZL P, PATIñO G M, CHAVES A L, et al. The high level of aluminum resistance in signalgrass is not associated with known mechanisms of external aluminum detoxification in root apices [J]. Plant Physiology, 2001, 125(3): 1473-1484.

[91] CAKMAK I, HORST W J. Effect of aluminium on lipid peroxidation, superoxide dismutase, catalase, and peroxidase activities in root tips of soybean (*Glycine max*) [J]. Physiologia Plantarum, 1991, 83(3): 463-468.

[92] YAMAMOTO Y, KOBAYASHI Y, RAMA DEVI S, et al. Oxidative stress triggered by aluminum in plant roots [J]. Plant and Soil, 2003, 255(1): 239-243.

[93] YAMAMOTO Y, KOBAYASHI Y, MATSUMOTO H. Lipid peroxidation is an early symptom triggered by aluminum, but not the primary cause of elongation inhibition in pea roots [J]. Plant Physiology, 2001, 125(1): 199-208.

[94] KUO M, KAO C. Aluminum effects on lipid peroxidation and antioxidative enzyme activities in rice leaves [J]. Biologia Plantarum, 2003, 46(1): 149-152.

[95] ŠIMONOVIČOVÁ M, TAMÁS L, HUTTOVÁ J, et al. Effect of aluminium on oxidative stress related enzymes activities in barley roots [J]. Biologia Plantarum, 2004, 48(2): 261-266.

[96] RICHARDS K D, SCHOTT E J, SHARMA Y K, et al. Aluminum induces oxidative stress genes in *Arabidopsis thaliana* [J]. Plant Physiology, 1998, 116(1): 409-418.

[97] EZAKI B, GARDNER R C, EZAKI Y, et al. Expression of aluminum-induced genes in transgenic *Arabidopsis* plants can ameliorate aluminum stress and/or oxidative stress [J]. Plant Physiology, 2000, 122(3): 657-666.

[98] TAMÁS L, HUTTOVÁ J, MISTRÍK I. Inhibition of Al-induced root elongation and enhancement of Al-induced peroxidase activity in Al-sensitive and Al-resistant barley cultivars are positively correlated [J]. Plant and Soil, 2003, 250(2): 193-200.

[99] YAMAMOTO Y, KOBAYASHI Y, DEVI S R, et al. Aluminum toxicity is associated with mitochondrial dysfunction and the production of reactive oxygen species in plant cells [J]. Plant Physiology, 2002, 128(1): 63-72.

[100] BOSCOLO P R S, MENOSSI M, JORGE R A. Aluminum-induced oxidative stress in maize [J]. Phytochemistry, 2003, 62(2): 181-189.

[101] NAVROT N, COLLIN V, GUALBERTO J, et al. Plant glutathione peroxidases are functional peroxiredoxins distributed in several subcellular compartments and regulated during biotic and abiotic stresses [J]. Plant Physiology, 2006, 142(4): 1364-1379.

[102] JIANG M, ZHANG J. Water stress-induced abscisic acid accumulation triggers the increased generation of reactive oxygen species and up-regulates the activities of antioxidant enzymes in maize leaves [J]. Journal of Experimental Botany, 2002, 53(379): 2401-2410.

[103] FERNáNDEZ-DáVILA M L, RAZO-ESTRADA A C, GARCíA-MEDINA S, et al. Aluminum-induced oxidative stress and neurotoxicity in grass carp (Cyprinidae-Ctenopharingodon idella) [J]. Ecotoxicology and Environmental Safety, 2012, 76(1):

87-92.

[104] YAMAMOTO Y, KOBAYASHI Y, DEVI S R, et al. Oxidative stress triggered by aluminum in plant roots [J]. Plant and Soil, 2003, 255(1): 239-243.

[105] ZHENG K, PAN J W, YE L, et al. Programmed cell death-involved aluminum toxicity in yeast alleviated by antiapoptotic members with decreased calcium signals [J]. Plant Physiology, 2007, 143(1): 38-49.

[106] MOHAN MURALI ACHARY V, PATNAIK A R, PANDA B B. Oxidative biomarkers in leaf tissue of barley seedlings in response to aluminum stress [J]. Ecotoxicology and Environmental Safety, 2012, 75(1): 16-26.

[107] LI Z, XING D. Mechanistic study of mitochondria-dependent programmed cell death induced by aluminium phytotoxicity using fluorescence techniques [J]. Journal of Experimental Botany, 2011, 62(1): 331-343.

[108] XU F J, LI G, JIN C W, et al. Aluminum-induced changes in reactive oxygen species accumulation, lipid peroxidation and antioxidant capacity in wheat root tips [J]. Biologia Plantarum, 2012, 56(1): 89-96.

[109] APEL K, HIRT H. Reactive oxygen species: metabolism, oxidative stress, and signal transduction [J]. Annual Review Plant Biology, 2004, 55: 373-399.

[110] ALI B, HASAN S A, HAYAT S, et al. A role for brassinosteroids in the amelioration of aluminium stress through antioxidant system in mung bean (*Vigna radiata* L. Wilczek) [J]. Environmental and Experimental Botany, 2008, 62(2): 153-159.

[111] FOYER C H, NOCTOR G. Oxidant and antioxidant signalling in plants: a reevaluation of the concept of oxidative stress in a physiological context [J]. Plant, Cell & Environment, 2005, 28(8): 1056-1071.

[112] SHAHNAZ G, SHEKOOFEH E, KOUROSH D, et al. Interactive effects of silicon and aluminum on the malondialdehyde (MDA), proline, protein and phenolic compounds in *Borago officinalis* L [J]. Journal of Medicinal Plant Research, 2011, 5(24): 5818-5827.

[113] MATSUMOTO H. Cell biology of aluminum toxicity and tolerance in higher plants [J]. International Review of Cytology, 2000, 200: 1-46.

[114] VIERSTRA R, HAUG A. The effect of Al^{3+} on the physical properties of membrane lipids [J]. Biochemical and Biophysical Research Communications, 1978, 84(1): 138-143.

[115] WAGATSUMA T, ISHIKAWA S, UEMURA M, et al. Plasma membrane lipids are the powerful components for early stage aluminum tolerance in triticale [J]. Soil Science & Plant Nutrition, 2005, 51(5): 701-704.

[116] HOSSAIN KHAN M S, TAWARAYA K, SEKIMOTO H, et al. Relative abundance of Δ5 - sterols in plasma membrane lipids of root - tip cells correlates with aluminum tolerance of rice [J]. Physiologia Plantarum, 2009, 135(1): 73–83.

[117] KAUSS H, WALDMANN T, JEBLICK W, et al. Ca^{2+} is an important but not the only signal in callose synthesis induced by chitosan, saponins and polyene antibiotics [M]//LUGTENBERG B J J. Signal molecules in plant and plant-*microbe interactions*. Berlin: Springer-Verlag. 1989: 107–116.

[118] MARSCHNER H. Mineral nutrition of higher plants [M]. London: Academic Press. 1995.

[119] 钱庆. 紫花苜蓿铝毒害的生理生化特性研究 [D]. 昆明：云南农业大学, 2007.

[120] DAWOOD M, CAO F, JAHANGIR M M, et al. Alleviation of aluminum toxicity by hydrogen sulfide is related to elevated ATPase, and suppressed aluminum uptake and oxidative stress in barley [J]. Journal of Hazardous Materials, 2012, 209–210: 121–128.

[121] XIA J, YAMAJI N, KASAI T, et al. Plasma membrane-localized transporter for aluminum in rice [J]. Proceedings of the National Academy of Sciences, 2010, 107(43): 18381–18385.

[122] 阎君, 刘建秀. 草类植物耐铝性的研究进展 [J]. 草业学报, 2008, 17(6): 148–155.

[123] BALIGAR V C, DOS SANTOS H L, PITTA G V E, et al. Aluminum effects on growth, grain yield and nutrient use efficiency ratios in sorghum genotypes [J]. Plant and Soil, 1989, 116(2): 257–264.

[124] BALIGAR V C, SCHAFFERT R E, DOS SANTOS H L, et al. Soil aluminium effects on uptake, influx, and transport of nutrients in sorghum genotypes [J]. Plant and Soil, 1993, 150(2): 271–277.

[125] TAYLOR G J. The physiology of aluminum tolerance in higher plants [J]. Communications in Soil Science and Plant Analysis, 1988, 19: 1179–1194.

[126] 郭天荣, 张国平, 卢王印, 等. 铝胁迫对不同耐铝大麦基因型干物质积累与铝和养分含量的影响 [J]. 植物营养与肥料学报, 2003, 9(3): 324–330.

[127] FOY C D. Physiological effects of hydrogen, Aluminum and manganese toxicities in acid soil [M]//ADAMS F. Soil acidity and Liming. Wisconsin: American Society of Agronomy,1984: 57–97.

[128] ROUT G R, SAMANTARAY S, DAS P. Aluminium toxicity in plants: a review [J]. Agronomie, 2001, 21(1): 3–21.

[129] 杨敏, 黎晓峰, 玉永雄, 等. 铝对苜蓿生长、结瘤及根毛变形的影响 [J]. 农业环境科学学报, 2007 (1): 202–206.

[130] SILVA I R, SMYTH T J, MOXLEY D F, et al. Aluminum accumulation at nuclei of cells in the root tip. Fluorescence detection using lumogallion and confocal laser scanning microscopy [J]. Plant Physiology, 2000, 123(2): 543–552.

[131] RENGEL Z, ROBINSON D L. Aluminum effects on growth and macronutrient uptake by annual ryegrass [J]. Agrono Journal, 1989, 81(2): 208–215.

[132] FOY C D, MURRAY J J. Responses of Kentucky bluegrass cultivars to excess aluminum in nutrient solutions [J]. Journal of Plant Nutrition, 1998, 21(9): 1967–1983.

[133] LANGER H, CEA M, CURAQUEO G, et al. Influence of aluminum on the growth and organic acid exudation in alfalfa cultivars grown in nutrient solution [J]. Journal of Plant Nutrition, 2009, 32(4): 618–628.

[134] BALDWIN C M, LIU H, MCCARTY L B, et al. Aluminum tolerances of 10 warm-season turfgrasses [J].Golfdom, 2005, 10:101–110.

[135] SHKOLNIK M Y. Molybdenum [M]//SHKOLNIK M Y. Trace elements in plants. The Netherlands: Elsevier Science.Publisher. 1984: 195–231.

[136] MENDEL R R, HäNSCH R. Molybdoenzymes and molybdenum cofactor in plants [J]. Journal of Experimental Botany, 2002, 53(375): 1689–1698.

[137] ZDUNEK-ZASTOCKA E, LIPS H. Plant molybdoenzymes and their response to stress [J]. Acta Physiologiae Plantarum, 2003, 25(4): 437–452.

[138] MARSCHNER H. Mineral nutrition of higher plants [M]. New York: Acad. Press. 1986.

[139] WELCH R M, SHUMAN L. Micronutrient Nutrition of Plants [J]. Critical Reviews in Plant Sciences, 1995, 14(1): 49–82.

[140] COUGHLAN M P. Molybdenum and molybdenum-containing enzymes [M]. Oxford: Pergamon Press. 1980.

[141] NICHOLASDJD A R E. Trace elements in soil-plant-animal systems [M]. New York: Acad. Press. 1975.

[142] KABATA-PENDIAS A, PENDIAS H. Trace-elemnts in soils and plants [M]. Boca Raton: CRC Press. 1992.

[143] WARNER R L, KLEINHOFS A. Genetics and molecular biology of nitrate metabolism in higher plants [J]. Physiologia Plantarum, 1992, 85(2): 245–252.

[144] GUNTZER F, KELLER C, MEUNIER J D. Benefits of plant silicon for crops: a review [J]. Agronomy for Sustainable Development, 2012, 32(1): 201–213.

[145] EPSTEIN E. Silicon [Z]. 1999: 641–664.

[146] LIANG Y. Effects of silicon on enzyme activity and sodium, potassium and calcium

concentration in barley under salt stress [J]. Plant and Soil, 1999, 209(2): 217-224.

[147] EPSTEIN E. The anomaly of silicon in plant biology [C]//Proceedings of the National Academy of Sciences, 1994, 91(1): 11-17.

[148] MA J F, MIYAKE Y, TAKAHASHI E. Chapter 2 Silicon as a beneficial element for crop plants [M]// DATNOFF G H S, KORNDöRFER G H. Studies in Plant Science. Elsevier, 2001: 17-39.

[149] LIANG Y, WONG J W C, WEI L. Silicon-mediated enhancement of cadmium tolerance in maize (*Zea mays* L.) grown in cadmium contaminated soil [J]. Chemosphere, 2005, 58(4): 475-483.

[150] LIANG Y, YANG C, SHI H. Effects of silicon on growth and mineral composition of barley grown under toxic levels of aluminum [J]. Journal of Plant Nutrition, 2001, 24(2): 229-243.

[151] LIANG Y, SUN W, ZHU Y G, et al. Mechanisms of silicon-mediated alleviation of abiotic stresses in higher plants: a review [J]. Environmental Pollution, 2007, 147(2): 422-428.

[152] EPSTEIN E, BLOOM A J. Mineral Nutrition of Plants: Principles and Perspectives [M]. Sunderland, MA: Sinauer. 2005.

[153] MA J F, TAKAHASHI E. Silicon uptake and accullation in plants [M]//MA J F, TAKAHASHI E. Soil, fertilizer, and plant Silicon research in Japan. Amsterdam: Elsevier Science., 2002: 73.

[154] MA J F. Role of silicon in enhancing the resistance of plants to biotic and abiotic stresses [J]. Soil Science and Plant Nutrition, 2004, 50(1): 11-18.

[155] MA J F, TAKAHASHI E. Functions of Silicon [M]//MA J F, TAKAHASHI E. Soil, fertilizer, and plant Silicon research in Japan. Amsterdam: Elsevier Science., 2002: 146-178.

[156] MA J F, YAMAJI N. Silicon uptake and accumulation in higher plants [J]. Trends in Plant Science, 2006, 11(8): 392-397.

[157] RICHMOND K E, SUSSMAN M. Got silicon? The non-essential beneficial plant nutrient [J]. Current Opinion in Plant Biology, 2003, 6(3): 268-272.

[158] WILLIAMS D E, VLAMIS J. The effect of silicon on yield and manganese-54 uptake and distribution in the leaves of barley plants grown in culture solutions [J]. Plant Physiology, 1957, 32: 404-409.

[159] EPSTEIN E. The anomaly of silicon in plant biology [J]. Proceedings of the National Academy of Sciences of the United States of America, 1994, 91(1): 11-17.

[160] MA J F, SASAKI M, MATSUMOTO H. Al-induced inhibition of root elongation in corn, Zea mays L. is overcome by Si addition [J]. Plant and Soil, 1997, 188(2): 171-176.

[161] LI Y C, SUMNER M E, MILLER W P, et al. Mechanism of silicon induced alleviation of aluminum phytotoxicity [J]. Journal of Plant Nutrition, 1996, 19(7): 1075-1087.

[162] KIDD P S, LLUGANY M, POSCHENRIEDER C, et al. The role of root exudates in aluminium resistance and silicon - induced amelioration of aluminium toxicity in three varieties of maize (Zea mays L.) [J]. Journal of Experimental Botany, 2001, 52(359): 1339-1352.

[163] WANG Y, STASS A, HORST W J. Apoplastic binding of aluminum is involved in silicon-induced amelioration of aluminum toxicity in maize [J]. Plant Physiology, 2004, 136(3): 3762-3770.

[164] RYDER M, GéRARD F, EVANS D E, et al. The use of root growth and modelling data to investigate amelioration of aluminium toxicity by silicon in Picea abies seedlings [J]. Journal of Inorganic Biochemistry, 2003, 97(1): 52-58.

[165] ZHANG C, WANG L, NIE Q, et al. Long-term effects of exogenous silicon on cadmium translocation and toxicity in rice (Oryza sativa L.) [J]. Environmental and Experimental Botany, 2008, 62(3): 300-307.

[166] VACULíK M, LANDBERG T, GREGER M, et al. Silicon modifies root anatomy, and uptake and subcellular distribution of cadmium in young maize plants [J]. Annals of Botany, 2012, 8:101-110.

[167] HIRADATE S, TANIGUCHI S, SAKURAI K. Aluminum speciation in aluminum-silica solutions and potassium chloride extracts of acidic soils [J]. Soil Scienc Society of America Journal, 1998, 62: 630-636.

[168] BAYLIS A D, GRAGOPOULOU C, DAVIDSON K J, et al. Effects of silicon on the toxicity of aluminium to soybean [J]. Communications in Soil Science and Plant Analysis, 1994, 25(5-6): 537-546.

[169] BARCELO J, GUEVARA P, POSCHENRIEDER C. Silicon amelioration of aluminium toxicity in teosinte (Zea mays L. ssp. mexicana) [J]. Plant and Soil, 1993, 154(2): 249-255.

[170] LIANG Y, SUN W, ZHU Y G, et al. Mechanisms of silicon-mediated alleviation of abiotic stresses in higher plants: a review [J]. Environmental Pollution, 2007, 147(2): 422-428.

[171] HAMMOND K E, EVANS D E, HODSON M J. Aluminium/silicon interactions in barley (Hordeum vulgare L.) seedlings [J]. Plant and Soil, 1995, 173(1): 89-95.

[172] GIONGO V, BOHNEN H. Relation between aluminum and silicon in maize genotypes

resistant and sensitive at aluminum toxicity [J]. Relação entre alumínio e silício em genótipos de milho resistente e sensível a toxidez de alumínio, 2011, 27(3): 348-356.

[173] HODSON M J, EVANS D E. Aluminium/silicon interactions in higher plants [J]. Journal of Experimental Botany, 1995, 46(2): 161-171.

[174] LI Y C, ALVA A K, SUMNER M E. Response of cotton cultivars to aluminum in solutions with varying silicon concentrations [J]. Journal of Plant Nutrition, 1989, 12(7): 881-892.

[175] GALVEZ L, CLARK R, GOURLEY L, et al. Silicon interactions with manganese and aluminum toxicity in sorghum [J]. Journal of Plant Nutrition, 1987, 10(9-16): 1139-1147.

[176] COCKER K M, EVANS D E, HODSON M J. The amelioration of aluminium toxicity by silicon in wheat (*Triticum aestivum* L.): malate exudation as evidence for an in planta mechanism [J]. Planta, 1998, 204(3): 318-323.

[177] GAUTHIER P, LUMARET R, BéDéCARRATS A. Ecotype differentiation and coexistence of two parapatric tetraploid subspecies of cocksfoot (*Dactylis glomerata*) in the Alps [J]. New Phytologist, 1998, 139(4): 741-750.

[178] XIE W, ZHANG X, CAI H, et al. Genetic maps of SSR and SRAP markers in diploid orchardgrass (*Dactylis glomerata* L.) using the pseudo-testcross strategy [J]. Genome, 2011, 54(3): 212-221.

[179] LUMARET R, BORRILL M. Cytology, genetics, and evolution in the genus dactylis [J]. Critical Reviews in Plant Sciences, 1988, 7(1): 55-91.

[180] CASLER M D, FALES S L, UNDERSANDER D J, et al. Genetic progress from 40 years of orchardgrass breeding in North America measured under management-intensive rotational grazing [J]. Canadian Journal of Plant Science, 2001, 81(4): 713-721.

[181] HIRATA M, YUYAMA N, CAI H. Isolation and characterization of simple sequence repeat markers for the tetraploid forage grass Dactylis glomerata [J]. Plant Breeding, 2011, 130(4): 503-506.

[182] CASLER M D, FALES S L, MCELROY A R, et al. Genetic progress from 40 years of orchardgrass breeding in north america measured under hay management [J]. Crop Science, 2000, 40(4): 1019-1025.

[183] KOIKE S T, KUO Y W, ROJAS M R, et al. First Report of Impatiens necrotic spot virus Infecting Lettuce in California [J]. Plant Disease, 2008, 92(8): 1248.

[184] LI C J, WANG Z F, CHEN N, et al. First report of choke disease caused by epichloë typhina on orchardgrass (*Dactylis glomerata*) in China [J]. Plant Disease, 2009, 93(6): 673.

[185] 徐倩, 才宏伟, 刘艺杉, 等. 16个国外鸭茅种质材料引种与初步评价 [J]. 草业科学,

2011, 28(4): 597−602.

[186] ZHANG X Q, SALOMON B, VON BOTHMER R. Application of random amplified polymorphic DNA markers to evaluate intraspecific genetic variation in the *Elymus alaskanus* complex (*Poaceae*) [J]. Genetic Resources and Crop Evolution, 2002, 49(4): 399−409.

[187] CLARK R B, BALIGAR V C. Mineral concentrations of forage legumes and grasses grown in acidic soil amended with flue gas desulfurization products [J]. Communications in Soil Science and Plant Analysis, 2003, 34(11−12): 1681−1707.

[188] CULVENOR R, ORAM R, FAZEKAS D S G C. Variation in tolerance in *Phalaris aquatica* L. and a related species to aluminium in nutrient solution and soil [J]. Australian Journal of Agricultural Research, 1986, 37(4): 383−395.

[189] CULVENOR R A, ORAM R N, FAZEKAS D S, et al. Variation in tolerance in *Phalaris aquatica* L. and a related species to Al in nutrient solution and soil [J]. Australian Journal of Agricultural Research, 1986, 37: 383−395.

[190] WHEELER D M, EDMEADES D C, CHRISTIE R A, et al. Effect of aluminium on the growth of 34 plant species: a summary of results obtained in low ionic strength solution culture [J]. Plant and Soil, 1992, 146(1−2): 61−66.

[191] 罗涛, 翁伯琦, 林娇健, 等. 闽北红壤区牧草引种与筛选研究Ⅰ. 温带种 [J]. 福建农业学报, 1998, 13(2): 48−53.

第 2 章
酸性条件下鸭茅种子萌发及幼苗形态对铝胁迫的响应

2.1 酸性条件下鸭茅种子萌发对铝胁迫的耐受响应

据统计,全世界约有 50% 的可耕地为酸性土壤(pH ≤ 5.0),非可耕地约 70% 为酸性土壤,主要分布在热带、亚热带和温带地区,尤其是在一些发展中国家[1]。我国南方约有 203 万 km^2 酸性土壤,约占全国土地面积的 21%[2]。随着土壤酸化的加速和氮肥的大量施用,酸性土壤及有关环境中活性铝的数量呈明显增加的趋势[3],在我国南方、西南、北方、东北地区均表现出不同程度的土壤酸化现象(pH4.0~5.9)。资料显示,我国可耕地酸化土壤面积已达到 $6.58×10^7 hm^2$,占全国可耕地总面积的 51%[4]。土壤酸化已成为全球草坪建植管理和多年生牧草建植管理中的难题之一。而 Al^{3+} 毒害是酸性土壤中植物生长最主要的制约因子之一[1,5]。因此,如何降低酸性土壤中 Al^{3+} 的危害,提高牧草和草坪草的产量和质量,已经成为草业工作者面临的一项艰巨任务。

鸭茅(*Dactylis glomerata* L.)作为一种优良的牧草和草坪草,主要分布在我国云南、贵州、四川、重庆、湖北、华北、西北等地,其中西南地区、江西、湖南、新疆伊犁河谷等地存在野生种,常生长在海拔 1 000~3 000 m 的森林边缘、灌丛及山坡草地[6-8]。由于较高的产量和良好的品质,鸭茅被广泛地利用和栽培,是我国温带及南方山地丘陵草地生态建设和畜牧生产的骨干草种[9]。而有关鸭茅种子萌发对酸性土壤上 Al^{3+} 毒害的响应机理并不清楚。因此明确鸭茅种子萌发对铝胁迫的耐受响应机理可为耐铝性品种选育、酸性土壤上牧草的高效利用提供科学的理论依据,对草地畜牧业可持续发展具有深远的意义。

2.1.1 材料与方法

2.1.1.1 供试材料和试验设计

（1）供试材料

供试鸭茅品种分别是：安巴（Amba）、牧友（Potomac）、宝兴（Baoxing）、德纳塔（Donata）和川东（Chuandong）。其中，安巴、牧友由中国农业大学牧草种子实验室提供；德纳塔由丹农草种北京分公司提供；宝兴由四川农业大学提供；川东由四川省草原科学研究院和云南省饲草饲料工作站提供。

（2）试验设计

试验采用 3 次重复，每次重复选取 100 粒大小均一的健康种子，经 2% 次氯酸钠溶液进行消毒，蒸馏水冲洗数次后，进行萌发试验。Al^{3+} 处理溶液（$AlCl_3$）的浓度分别为 0 μM、10 μM、30 μM、50 μM、70 μM 和 100 μM。将处理液 pH 值设为 4.5，每天用 0.1 M 稀 HCl，0.1 M NaOH 和 pH 计（赛多利斯，PB-10）进行调整。每个种子发芽盒内加入 1.4 L Al^{3+} 处理液，在溶液上面放置预先打好孔、消毒的泡沫板，泡沫板上铺有孔隙较大的白纱布，并在发芽盒外侧做好处理液液面标记，以便及时补充蒸发的水分，以保证试验期间各个种子培养盒里的处理液总体积保持恒定。将消毒过的种子放入种子发芽盒后，将种子发芽盒置于种子培养箱内（Sanyo，MLR-351H 型）。种子萌发条件为：先在黑暗环境下（20 ℃）培养 5 d，然后模拟植物正常生长条件（25 ℃ 10 h 光照，20 ℃ 14 h 黑暗）下培养 10 d。试验开始后，每天进行发芽数的记录。每天将种子发芽盒开盖进行透气 30 min，处理共 15 d。

2.1.1.2 测定指标及方法

（1）发芽势

参照国际种子检验协会（ISTA）标准进行测定。

发芽势（%）=（前 7 d 发芽的种子数 / 供试种子总数）×100

（2）发芽率

从试验开始到试验结束，每天记录发芽的种子数（胚根突破种皮 1 mm 为发芽标准[10]）。已经萌发的种子并不从种子培养盒里取出，在试验结束后，计算最终发芽率。

发芽率（%）=（已发芽种子的总数 / 供试种子总数）×100

(3)种苗长、根长及根长/种苗长

试验结束时,每个处理每个重复中,随机选取10~20株种苗,测定其苗长和根长。在得到苗长和根长的基础上,再计算它们的比值。

(4)鸭茅根耐受指数(Root Tolerance Index,RTI),即根伸长率

RTI(%)=(某一特定浓度下的根长度/对照处理的根长度)×100

2.1.1.3 统计分析

利用SPSS 20.0统计进行方差分析,多重比较采用Duncan法($P=0.05$)。利用SigmaPlot 10.0软件作图。

2.1.2 结果与分析

2.1.2.1 不同浓度铝处理对鸭茅种子发芽势的影响

鸭茅种子的发芽势在不同浓度的Al^{3+}处理下响应不同(图2-1A)。较低浓度(10 μM)对牧友的种子发芽势具有明显的促进作用($P<0.05$),而对其他品种的发芽势没有显著影响($P>0.05$)。除宝兴之外,高浓度(>30 μM)铝处理对其他鸭茅品种的发芽势均有显著抑制作用($P<0.05$)。且随着Al^{3+}浓度的增加,不同品种的响应不同。其中牧友、安巴和川东在30 μM处理时,发芽势显著低于对照($P<0.05$)。而宝兴在各个铝处理下,发芽势均与对照处理差异不显著($P>0.05$)。

2.1.2.2 不同浓度铝处理对鸭茅种子发芽率的影响

与发芽势相比,铝处理对发芽率的抑制作用更为明显。发芽率随着Al^{3+}浓度的增加呈显著下降趋势(图2-1B)。其中,各供试材料的发芽率在10 μM处理时就开始表现出显著降低趋势($P<0.05$)。在高浓度100 μM处理时,发芽率下降到最低。不同品种对铝胁迫的敏感程度存在一定差异。

2.1.2.3 不同浓度铝处理对鸭茅种苗长和根长的影响

铝胁迫不仅对鸭茅种子萌发有影响,对种子萌发之后的种苗和根生长也有影响(图2-2)。铝处理对各鸭茅品种的种苗和根生长均表现出一定的抑制作用。种苗长和根长随着Al^{3+}浓度的增加呈显著的降低趋势($P<0.05$)。不同品种的种苗生长对铝胁迫的响应存在一定的差异。宝兴和川东是在50 μM铝处理下,种苗长才开始显著低于对照($P<0.05$)。牧友是在30 μM铝处理下,种苗长才显著低于对照($P<0.05$)。德纳塔和安巴则是在10 μM铝处理时,种苗长就显著低于对照($P<0.05$)(图2-2A)。与种苗相比,根对铝胁

迫的响应更为敏感和激烈，遭受抑制更为严重。10 μM 处理时，供试品种的根长均显著低于对照（$P < 0.05$）。100 μM 铝处理下，各品种的根长度分别较对照减少了 91.5%、93.0%、96.5%、90.3% 和 96.1%（图 2-2B）。表明铝处理对根的影响远大于对苗的影响，且种苗对铝胁迫的响应整体滞后于根。

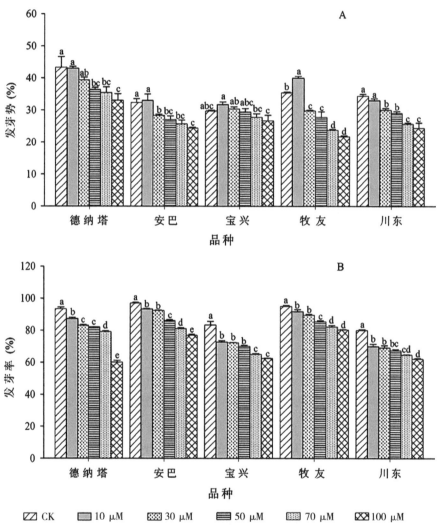

图 2-1　铝胁迫对不同品种鸭茅种子发芽势（A）和发芽率（B）的影响

注：同一品种中小写字母不同表示差异显著（$P < 0.05$），下同。

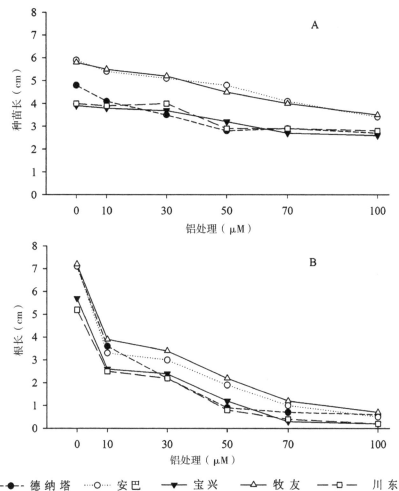

——●—— 德纳塔　　……○…… 安巴　　——▼—— 宝兴　　——△—— 牧友　　——□—— 川东

图2-2　铝胁迫对不同品种鸭茅种苗长（A）和根长（B）的影响

2.1.2.4　不同浓度铝处理对鸭茅根耐受指数的影响

根系伸长率作为根系耐受指数被认为是衡量植物遭受铝胁迫症状最早和筛选耐受品种的重要指标之一[11]。因此，在种子萌发阶段，鸭茅根耐受指数是反映植物对铝胁迫响应的重要指标之一。随着 Al^{3+} 浓度的增加，根耐受指数呈显著降低趋势（图2-3）。在较高浓度铝处理下（≥ 50 μM），各品种鸭茅根长度均不到对照处理的1/3，表明较高浓度的 Al^{3+} 对鸭茅早期根系生长造成了严重的抑制。同一浓度 Al^{3+} 处理下，不同品种的响应不太一致。牧友在各个 Al^{3+} 处理下，根伸长受抑程度均小于其他鸭茅，以 50 μM 处理为例，其根伸长率分别比德纳塔、安巴、宝兴和川东高出 17.9 个、3.8 个、9.5 个和 15.2 个百分点。表明，牧友的根伸长对铝胁迫的耐受性要强于其他品种。

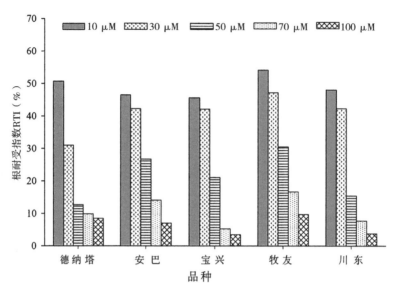

图 2-3 不同 Al^{3+} 处理下各品种鸭茅的根耐受指数

2.1.2.5 不同浓度铝处理对鸭茅根长/种苗长的影响

鸭茅的根长/种苗长随着 Al^{3+} 浓度的增加呈显著的下降趋势（表 2-1）。供试品种的根长/种苗长在 10 μM 处理时就开始表现出明显的受抑症状（$P < 0.05$）；在 100 μM 处理时受抑症状最为严重，德纳塔、安巴、宝兴、牧友和川东分别较对照减少了 86.7%、91.7%、95.2%、83.3% 和 92.3%。不同品种对铝胁迫的响应存在一定差异。德纳塔、牧友和川东在 30 μM 处理时，继 10 μM 再次表现出显著降低的趋势（$P < 0.05$）；而安巴和宝兴的根长/种苗长在 50 μM 处理时再次出现显著下降的趋势（$P < 0.05$）。

表 2-1 铝胁迫对不同品种鸭茅根长/种苗长的影响

处理	德纳塔	安巴	宝兴	牧友	川东
CK	1.5^a	1.2^a	1.47^a	1.2^a	1.3^a
10 μM	0.9^b	0.6^b	0.68^b	0.8^b	0.7^b
30 μM	0.6^c	0.6^b	0.62^b	0.7^c	0.6^c
50 μM	0.3^d	0.4^c	0.35^c	0.5^d	0.3^d
70 μM	0.2^d	0.2^{cd}	0.09^d	0.3^e	0.1^e
100 μM	0.2^d	0.1^d	0.07^d	0.2^e	0.1^e

2.1.3 讨论和结论

种子萌发是植物生长周期的重要阶段，也是对外界环境因子最敏感的时期之一。因此，种子萌发性状常被作为评价植物抗逆性的重要指标[12]。研究指出，酸性土壤中可溶性铝含量增加，会影响植物的种子萌发等一系列过程[13]。小麦上的研究表明，高浓度铝胁迫（30 μM）显著抑制种子萌发，种子萌发率降低了50%[14]。多花黑麦草上的研究得出，10~50 mg/L 铝对其种子发芽率无显著影响，而 100~500 mg/L 铝显著降低了发芽率[15]。在大豆上的研究得出，低浓度铝对种子萌发有促进作用，而高浓度铝对种子萌发有明显抑制作用[16]。在油菜上的研究得出，铝降低了种子的发芽率、发芽势，并抑制了根系伸长[17]。在苜蓿上的研究得出，35%的可交换铝（pH 4.34）使总根长增加了19%，高铝溶液有利于苜蓿根系的伸长[18]，但是宫家珺等的研究中指出高浓度铝（≥50 mg/kg）抑制苜蓿根系的伸长[19]。本研究得出，低浓度铝对鸭茅的发芽势具有一定的促进作用，高浓度铝对鸭茅发芽势、发芽率和根系伸长均有抑制作用，且不同品种间存在差异。这表明不仅不同物种的种子萌发对铝胁迫存在不同的响应，而且同一物种不同品种的种子萌发对铝胁迫的响应也存在一定的差异。

种子发芽率和发芽势是两个不同的概念。发芽率代表种子的发芽力，而发芽势代表的是种子的活力，是指种子在发芽和出苗期间活性强度及种子特性的综合表现。很多田间出苗率低的种子在实验室内所测得的发芽率并不低，田间出苗率可能与发芽势的高低有很大的关系[20]，发芽势对种子出苗的影响可能远大于发芽率。种子出苗的整齐与否对牧草建植和苗期杂草控制具有十分重要的作用。本研究中，虽然鸭茅的发芽率受到酸性 Al^{3+} 的抑制，但低浓度的酸性 Al^{3+} 对鸭茅的发芽势具有一定的促进作用。即在田间播种条件下，低浓度的酸性 Al^{3+} 并不影响鸭茅的出苗整体一致性，表明鸭茅对酸性土壤低浓度 Al^{3+} 具有一定的耐受性。从根系生长角度分析，有学者认为根系伸长受抑或是植物对铝胁迫最明显的一种生理响应[21]。本研究中，随着 Al^{3+} 浓度的增加，鸭茅种子根伸长受抑程度明显增加，与前人的研究结果一致[22,23]。表明酸性土壤上 Al^{3+} 的确对鸭茅生长造成一定程度的危害。今后可考虑通过育种途径提高根系伸长来改善鸭茅的早期生长。

由于本次试验研究时间较短，没有考虑铝胁迫对植株后期生长的影响，故本次试验不能作为供试品种对酸性土壤 Al^{3+} 耐受能力强弱的评价依据。但仅就本次试验结果而言，仍然可以得到如下初步结论：①酸性土壤低浓度 Al^{3+} 并不影响鸭茅种子的发芽势，说明鸭茅总体对铝胁迫具有一定的耐受性。②酸性土壤上 Al^{3+} 抑制了鸭茅根系的早期生长，今后，可将种子萌芽期种苗根系伸长率作为耐铝性品种早期筛选的辅助指标。③鸭茅不同品种间对酸性条件下 Al^{3+} 的耐受力存在一定差异。早期危害主要表现在降低发芽率和抑制根系生长，这为今后酸性土壤上耐 Al^{3+} 毒害品种的选育提供了一定依据。

参考文献

[1] KOCHIAN L, PIÑEROS M, HOEKENGA O. The physiology, genetics and molecular biology of plant aluminum resistance and toxicity[J]. Plant and Soil, 2005, 274 (1):175-195.

[2] 阎君, 刘建秀. 草类植物耐铝性的研究进展 [J]. 草业学报, 2008, 17(6):148-155.

[3] LANGER H, CEA M, CURAQUEO G, et al. Influence of aluminum on the growth and organic acid exudation in alfalfa cultivars grown in nutrient solution[J]. Journal of Plant Nutrition, 2009, 32(4):618-628.

[4] GUO J H, LIU X J, ZHANG Y, et al. Significant acidification in major chinese croplands[J]. Science, 2010, 327(5968):1008-1010.

[5] POSCHENRIEDER C, GUNSÉ B, CORRALES I, et al. A glance into aluminum toxicity and resistance in plants[J]. Science of the Total Environment, 2008, 400(1-3):356-368.

[6] LI C J, WANG Z F, CHEN N, et al. First report of choke disease caused by epichloë typhina on orchardgrass (*Dactylis glomerata*) in China[J]. Plant Disease, 2009, 93(6):673.

[7] 钟声, 段新慧, 周自玮. 二倍体鸭茅染色体加倍的研究 [J]. 中国草地学报, 2006, 28(4): 91-95.

[8] 郑伟, 朱进忠, 加娜尔古丽, 等. 不同混播方式对豆禾混播草地生产性能的影响 [J]. 中国草地学报, 2011, 33(5): 45-52.

[9] 何峰, 李向林, 万里强, 等. 四川低山丘陵地区多年生冷季型优良牧草引种试验 [J]. 中国草地学报, 2006, 28(6):106-109.

[10] 王赞, 李源, 吴欣明, 等. PEG 渗透胁迫下鸭茅种子萌发特性及抗旱性鉴定 [J]. 中国草地学报, 2008, 30(1): 50-55.

[11] ZHENG S J, YANG J L, HE Y F, et al. Immobilization of aluminum with phosphorus in roots is associated with high aluminum resistance in buckwheat[J]. Plant Physiology, 2005, 138(1): 297-303.

[12] 庞贞武. 铝毒快速抑制水稻根伸长生长的生理机制研究 [D]. 武汉：华中农业大学, 2009.

[13] RENGEL Z, ZHANG W H. Role of dynamics of intracellular calcium in aluminium-toxicity syndrome[J]. New Phytologist, 2003, 159(2): 295-314.

[14] ZHANG H, TAN Z Q, HU L Y, et al. Hydrogen sulfide alleviates aluminum toxicity in germinating wheat seedlings[J]. Journal of Integrative Plant Biology, 2010, 52(6):556-567.

[15] 陈志刚, 张红蕊, 周晓红, 等. 铝胁迫对黑麦草种子萌发和幼苗生长的影响 [J]. 水土保持研究, 2011, 18(4):207-210.

[16] 刘鹏, 徐根娣, 姜雪梅, 等. 铝对大豆种子萌发的影响 [J]. 种子, 2003 (1):30-32.

[17] 刘强, 龙婉婉, 胡萃, 等. 铝胁迫对油菜种子萌发和幼苗生长的影响 [J]. 种子, 2009, 28(7):5-6.

[18] HAYES R C, SCOTT B J, DEAR B S, et al. Seedling validation of acid soil tolerance of lucerne populations selected in solution culture high in aluminium[J]. Crop and Pasture Science, 2011, 62(9):803-811.

[19] 宫家珺, 李剑峰, 安渊. 酸性土壤中铝离子对紫花苜蓿生长和生理的影响 [J]. 中国草地学报, 2008, 30(3): 52-57.

[20] 陈丁红. 种子发芽势对作物田间出苗率的重要性探讨 [J]. 中国种业, 2012 (3):49-50.

[21] INOSTROZA-BLANCHETEAU C, RENGEL Z, ALBERDI M, et al. Molecular and physiological strategies to increase aluminum resistance in plants[J]. Molecular biology reports, 2012, 39(3):2069-2079.

[22] 阎君, 于力, 陈静波, 等. 假俭草铝耐性和敏感种源在酸铝土上的生长差异及生理响应 [J]. 草业学报, 2010, 19(2):39-46.

[23] SINGH V, TRIPATHI D, KUMAR D, et al. Influence of exogenous silicon addition on aluminium tolerance in rice seedlings[J]. Biological Trace Element Research, 2011, 144(1):1260-1274.

2.2 酸性条件下鸭茅幼苗生长及根系形态对铝胁迫的耐受响应

铝是一种轻金属，普遍存在于地壳和土壤中，且没有什么特殊的生物学功能[1-2]。而 Al^{3+} 毒害却是酸性土壤中制约作物生长的主要限制因素[3-4]。过量的可溶性 Al^{3+} 会抑制植物根系的生长[5]。酸性土壤上的铝毒严重制约着优良牧草和草坪草的生长，对草地畜牧业的可持续发展造成不良的连锁反应，进而通过食物链影响到人类的健康[6]。铝是人类阿尔茨海默病（即老年性痴呆）中的重要诱因之一。

对铝胁迫下大麦生长、根系形态参数的研究发现，铝胁迫降低了植物的生长、生物量及光合速率[7]。在玉米、高粱和大豆上也做过铝胁迫下植物生长和形态方面的响应机理研究[8-10]。而鸭茅作为一种优良的牧草和草坪草，在我国云南、四川、贵州、广西等地分布，是我国南方草山草坡生态建设和草地畜牧业可持续发展的骨干草种[11-12]。但关于铝胁迫对鸭茅植株生长和形态影响的报道很少，仅见零星的几个报道[13-14]，而且研究仅是涉及铝胁迫对植株生长的影响，并未涉及形态方面的相关机理研究。因此，研究铝胁迫下鸭茅植株生长和植株形态的响应机理可为耐铝性品种选育和南方草地优良牧草的高效利用提供一定的理论依据，对我国的草地畜牧业可持续发展和人类食品安全具有十分深远的意义。

2.2.1 材料与方法

2.2.1.1 供试材料及培养条件

供试鸭茅4个品种分别是：安巴、牧友、宝兴和德纳塔。种子由2%次氯酸钠溶液比表面消毒，蒸馏水冲洗数次后，放置在铺有吸水滤纸的种子发芽盘（19 cm×13 cm×9 cm，型号L3190089）内25℃萌发7 d，挑选整齐一致的幼苗移入装有2 L Hoagland营养液的培养盒置于光照培养箱（Sanyo-MLR-351H型，温度误差范围±0.3℃）进行培养。Hoagland营养液的配方见表2-2。

表2-2 改良的Hoagland营养液配方

大量元素	浓度（mM）	微量元素	浓度（mM）
硝酸钙 [$Ca(NO_3)_2 \cdot 4H_2O$]	4	硫酸锰 ($MnSO_4 \cdot 4H_2O$)	9.5×10^{-3}
硝酸钾 (KNO_3)	4	硫酸铜 ($CuSO_4 \cdot 5H_2O$)	3×10^{-4}
硫酸镁 ($MgSO_4 \cdot 7H_2O$)	2	硫酸锌 ($ZnSO_4 \cdot 7H_2O$)	1×10^{-3}
磷酸二氢铵 ($NH_4H_2PO_4$)	1	硼酸 (H_3BO_3)	1.5×10^{-2}
		钼酸铵 [$(NH_4)_6Mo_7O_{24} \cdot 4H_2O$]	3×10^{-4}
		乙二胺四乙酸钠铁螯合物 (Fe-EDTA)	0.2

培养条件：光照强度12 000 lx，25 ℃ 10 h光照，20 ℃ 14 h黑暗，相对湿度70%±2%；每3 d更换一次营养液，培养期间每天定时通气10 h（用电

动气泵），培养液用水为去离子水，共培养 14 d。

2.2.1.2 试验设计

预培养 14 d 的植株分别放入单独装有不同浓度 Al^{3+} 处理液的培养盒中。在培养盒外侧做好液面标记。Al^{3+} 处理液（$AlCl_3$ 溶液）的浓度分别为 0 μM（对照）、10 μM、30 μM、50 μM 和 100 μM。用 0.1 mol/L 的稀 HCl、0.1 mol/L NaOH 和 pH 计（赛多利斯，PB-10）将处理液 pH 调整为 4.5。每个品种每个处理重复 4 次，每个营养盒 8 株。处理 15 d，在处理期间依据事先做好的液面标记，以 pH4.5 的去离子水及时补充蒸发掉的水分[15]，在 Al^{3+} 处理期间处理液不进行更换。

2.2.1.3 指标测定

试验结束后，每个处理每次重复收获单株 5 株，进行植株干重和铝含量的测定。另外 3 株进行根系形态参数的测定。

（1）植株生长指标

分别将收获的鸭茅植株的地上部茎叶和根系分开，用去离子水洗净，60 ℃干燥 2 d 至恒重，分别称量其茎叶和根系干重（mg/株）[16]。叶片重量比（LWR）和根冠比（R/S）按照以下公式计算。

$$LWR（\%）=（叶片干重 / 植株总干重）\times 100 \quad (2-1)$$
$$R/S = 根系干重 / 茎叶干重 \quad (2-2)$$

（2）根系耐受指数（RTI，即根系伸长率）

$$RTI（\%）=（某一特定浓度下的根系长度 / 对照处理的根系长度）\times 100 \quad (2-3)$$

（3）根系形态指标

将经过不同 Al^{3+} 处理的鸭茅植株根系收获后，用去离子水清洗，用干净的白纱布吸干多余的水分，放入自封袋内，保存在 –20 ℃条件下备用。扫描时，首先在常温条件下将根系缓慢解冻，用去离子水冲洗干净后，用根系扫描仪（Epson Perfection V700 PHOTO，北京，中国）进行透视扫描（扫描软件 Fotolook32V3.00.05），扫描结束后首先对图片进行处理，擦除非根的线条，尽量减小误差，用计算机图像分析软件 WinRHIZO（Vision Pro 5.0a，Regent Instruments Inc.，魁北克，QC，加拿大）处理后得到每个扫描图片的根系长度、根系表面积和根系体积等指标。

（4）铝含量测定

测定所用的试剂均为优级纯试剂，试剂的配置和样品提取液的定容均用超纯水，由 Milli-Q 仪器（18.2 MΩ/cm，Millipore，Billerica，MA，USA）制备。所有玻璃和塑料管及仪器的校正按照 Kula 等的方法[17]。分别称取各个品种不同处理干燥和粉碎好的根系样品粉末约 0.2 g 和叶片粉末 0.5 g，放入四氟乙烯管内，加入 5 mL 浓硝酸（69% HNO_3）和 1 mL 30% 双氧水（H_2O_2）后，将其放入高压微波消煮仪（type-MARS Xpress，CEM Co. Ltd., USA）内进行消化。消煮、定容后，用等离子发射光谱仪（ICP-OES，model optima 5300DV，Perkin Elmer，USA）对样品提取液中的铝元素进行测定。为了检验消煮方法的准确性，采用 GBW-10016 标准茶叶粉作为标准物质。

2.2.1.4 统计分析

利用 SPSS 20.0 统计软件进行方差分析，多重比较采用 Duncan's 法，显著性水平（$P = 0.05$）。采用 SigmaPlot 10.0 软件作图。

2.2.2 结果与分析

2.2.2.1 铝胁迫对鸭茅植株生长的影响

经过不同浓度的 Al^{3+} 处理后，供试鸭茅品种的地上部茎叶和地下根系生长均受到明显的抑制（$P < 0.05$），且随着 Al^{3+} 浓度的增加，各鸭茅品种的茎叶干重和根系干重均表现出显著的下降趋势（$P < 0.05$）（图 2-4，图 2-5）。在较低浓度 Al^{3+} 处理（10 μM）时，德纳塔、安巴、宝兴和牧友茎叶的生长就开始出现显著的受抑症状，分别较对照下降了 65.3%、45.7%、73.6% 和 48.9%；而当 Al^{3+} 浓度达到 50 μM 时，供试鸭茅品种的茎叶干重分别较对照下降了 78.9%、80.5%、80.3% 和 78.0%，根系干重分别较对照下降了 89.2%、70.4%、90.2% 和 83.4%。这表明 Al^{3+} 明显抑制了鸭茅地上部和地下部的生长。

不同鸭茅品种的生长对铝处理的反应存在一定的差异。低浓度处理（10 μM）下，安巴茎叶干重要明显高于其他品种（$P < 0.05$），而其余 3 个鸭茅品种差异不显著（$P > 0.05$）；从 30 μM Al^{3+} 处理开始，随着 Al^{3+} 浓度的增加，各品种间的茎叶干重差异不显著（$P > 0.05$）（图 2-4）。在 30~50 μM Al^{3+} 处理时，品种间的根系干重差异显著（$P < 0.05$），其中，牧友和安巴的根系干重较大，而宝兴和德纳塔较低（图 2-5）。

2.2.2.2 铝胁迫对各鸭茅品种植株 R/S 和 LWR 的影响

除了茎叶和根系干重之外，R/S 和 LWR 也是衡量植株胁迫条件下长势是否良好的重要指标。Al^{3+} 处理对各鸭茅品种的 R/S 产生了显著的影响（$P < 0.05$），随着 Al^{3+} 浓度的逐渐增加，供试鸭茅品种的 R/S 均呈现先增加后减少的趋势。不同 Al^{3+} 处理下，牧友的 R/S 高于其他品种，而德纳塔的 R/

第 2 章 酸性条件下鸭茅种子萌发及幼苗形态对铝胁迫的响应

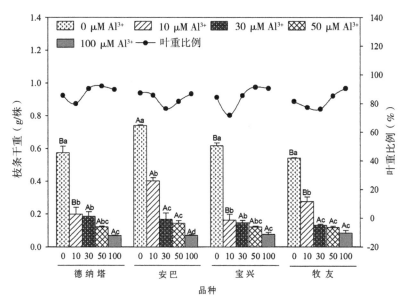

图 2-4 铝胁迫对鸭茅茎叶干重和叶重比例的影响

注：不同小写字母表示同一品种不同铝处理下的茎叶干重差异显著（$P<0.05$）；不同大写字母表示同一铝处理不同品种间的茎叶干重差异显著（$P<0.05$），采用 Duncan 多重比较法；误差线为标准误。下同。

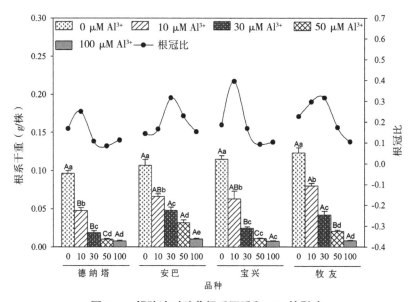

图 2-5 铝胁迫对鸭茅根系干重和 R/S 的影响

S 明显低于其他品种（$P < 0.05$）。不同鸭茅品种 R/S 对 Al^{3+} 的响应不尽相同（图 2-5），其中牧友和安巴较其他品种不敏感，呈现随着 Al^{3+} 浓度增加先增加后下降的趋势，没有表现出如德纳塔和宝兴迅速下降的趋势。德纳塔和宝兴，在 10 μM Al^{3+} 处理时，R/S 达到最高，分别较对照处理增加了 49.6% 和 113.0%（$P < 0.05$），其余处理均较对照处理低，且 50 μM Al^{3+} 处理显著低于对照处理（$P < 0.05$），分别比对照减少了 49.3% 和 49.7%。而安巴和牧友，在 30 μM Al^{3+} 处理时，R/S 与其他处理差异显著（$P < 0.05$），达到最大，分别较对照处理（0 μM Al^{3+}）增加了 119.5% 和 39.2%（$P < 0.05$）。安巴其余处理均与对照处理差异不显著（$P > 0.05$），而牧友 100 μM Al^{3+} 处理时的 R/S 最低，且显著低于对照处理，减少了 53.6%（$P < 0.05$）。这表明不同品种根系和茎叶生长对不同程度的铝处理的反应不同，低浓度（10～30 μM Al^{3+}）提高了植株的 R/S，对植株形态的协调稳定有一定的促进作用，而高浓度铝处理（≥ 50 μM Al^{3+}），则不利于植株良好形态的形成。

叶片干重比例（LWR）是植株叶片参数的一个重要指标，是衡量植物逆境胁迫反应能力的指标之一[18]。从图 2-4 可以看出，Al^{3+} 处理对 4 个鸭茅品种 LWR 的影响差异显著（$P < 0.05$），在高浓度 Al^{3+} 处理下（> 50 μM Al^{3+}），LWR 较高；10 μM Al^{3+} 处理下 LWR 最低，与其他处理差异显著（$P < 0.05$），这与上面的 R/S 的结果相吻合。并且随着 Al^{3+} 浓度的逐渐增加，各鸭茅品种的 LWR 整体呈一种先降低后增加的趋势。且不同品种的 LWR 存在一定的差异，供试鸭茅品种中，各 Al^{3+} 处理水平下，德纳塔的 LWR 整体上要高于其他品种，分别比安巴、宝兴和牧友高 4.0%、2.8% 和 5.5%（$P < 0.05$）。牧友的 LWR 最低，显著低于其他品种的（$P < 0.05$），安巴和宝兴的 LWR 居中，且差异不显著（$P > 0.05$）。

2.2.2.3 铝胁迫对鸭茅根系形态的影响

鸭茅的根长、根表面积、根体积等根系形态参数均随着 Al^{3+} 浓度的增加而显著减少（$P < 0.05$）。10 μM Al^{3+} 处理时，鸭茅的根系形态参数显著低于对照处理的（$P < 0.05$）；以 50 μM Al^{3+} 为例，与对照相比，各根系形态参数分别减少了 63.09%（D < 1.5 mm 根长，D 为直径）、63.21%（总根长）、60.33%（D < 1.5 mm 根表面积）、62.31%（总表面积）、68.36%（D < 1.5 mm 根体积）和 84.81%（总根体积）。当 Al^{3+} 浓度达到 100 μM 时，各个根系形态参数更是远远低于对照处理（$P < 0.05$）。这表明 Al^{3+} 明显地影响了鸭茅根系的生长和发育，即使较低浓度（10 μM）Al^{3+} 处理，也会引起鸭茅根系形态的显著变

化，根系生长和发育明显地受到 Al^{3+} 的抑制。并且，鸭茅大多数根直径小于 1.5 mm，且 D < 1.5 mm 的根系长度与总根长、D < 1.5 mm 的根表面积与总根表面积、D < 1.5 mm 的根体积与总根体积分别随着 Al^{3+} 浓度的增加，均表现出较为一致的下降趋势（图 2-6）。因此直径小于 1.5 mm 的根长、根表面积、根体积具有较强的代表性。

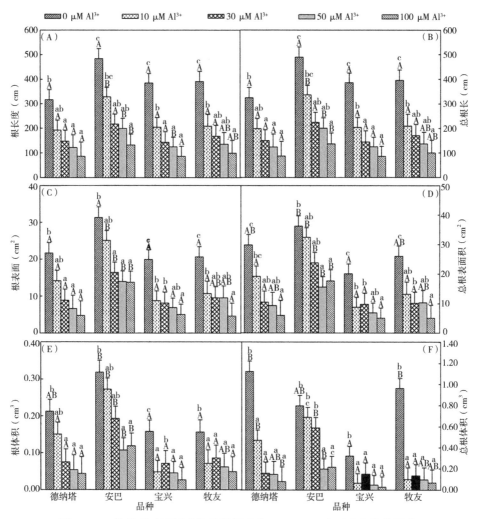

图 2-6 Al^{3+} 处理对不同鸭茅品种根系（D < 1.5 mm）形态参数的影响

A：根长；B：总根长；C：根表面积；D：总根表面积；E：根体积；F：总根体积。

注：图中不同大写字母表示同一 Al^{3+} 浓度下不同鸭茅品种根系参数的差异显著（$P < 0.05$）；不同小写字母表示同一鸭茅品种不同 Al^{3+} 处理下根系形态参数差异显著（$P < 0.05$）。

2.2.2.4 Al^{3+}处理对鸭茅根尖的影响

本研究得出，高浓度（50~100 μM）Al^{3+}处理下的植物根尖表现出粗短、颜色深、根尖膨大的症状，这与一些报道中的症状比较相似[19,20]。这表明Al^{3+}处理不仅对根长、根表面积等产生抑制作用，对根系的特殊部分也产生影响，像根尖或是根毛，在莴苣上进行的有关营养元素对植株根毛形成的影响试验得出，钙的缺乏，会导致根尖呈现棕色，并且抑制了根毛的形成和主根的生长[21]，由此可以推测Al^{3+}对鸭茅根系形态的影响，可能与铝胁迫导致鸭茅植株缺钙有关。

2.2.2.5 铝胁迫对鸭茅根系伸长率的影响

根系伸长率是用来衡量植物遭受铝胁迫症状最早和最显著的指标[22]。随着Al^{3+}浓度的增加，供试鸭茅植株的根系伸长率均呈现出明显的下降趋势。在高浓度（≥30 μM）处理下，供试品种的根系伸长率均不到50%，而在100 μM处理时，供试鸭茅各品种的根系伸长率均不到30%，表明高浓度Al^{3+}处理下，鸭茅根系的伸长受到十分严重的抑制作用。而低浓度（10 μM）处理下，根系伸长率最高的是安巴，仅有68.6%，分别比德纳塔、牧友和宝兴高出7.5%、8.0%、9%，表明在低浓度Al^{3+}处理下，供试鸭茅根系伸长就开始受到抑制了。这说明酸性条件下Al^{3+}对鸭茅植株的根系伸长造成一定程度的危害（图2-7）。

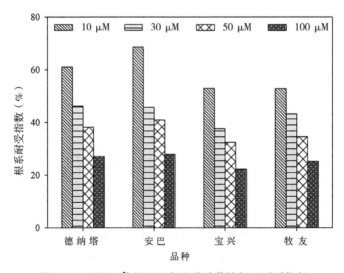

图2-7 不同Al^{3+}处理下各品种鸭茅的根系耐受指数

第 2 章 | 酸性条件下鸭茅种子萌发及幼苗形态对铝胁迫的响应

2.2.2.6 不同 Al^{3+} 处理下鸭茅茎叶和根系的铝含量

从图 2-8 可以看出，各鸭茅品种无论是茎叶铝含量还是根系铝含量均随着 Al^{3+} 浓度的增加呈逐渐增加的趋势（$P < 0.05$）。以 50 μM Al^{3+} 为例，根系铝含量和茎叶铝含量分别比对照处理（0 μM Al^{3+}）增加了 1.65 倍和 2.17 倍（$P < 0.05$）。这表明鸭茅遭受铝胁迫时，茎叶和根系均做出一定的响应，植株和根系积累铝含量增加，这很可能会影响鸭茅对营养元素的吸收。4 个品种中，安巴茎叶铝含量要显著低于其他 3 个品种（$P < 0.05$），而其他品种间差异不显著（$P > 0.05$）。根系铝含量，安巴最高，为 3 303.3 mg/kg DW，牧友根系中铝含量最低，为 1 853.0 mg/kg DW，德纳塔和宝兴居中。且根系积累铝与茎叶积累铝对铝胁迫的响应有所不同，根系中积累的铝含量要远远高于茎叶中

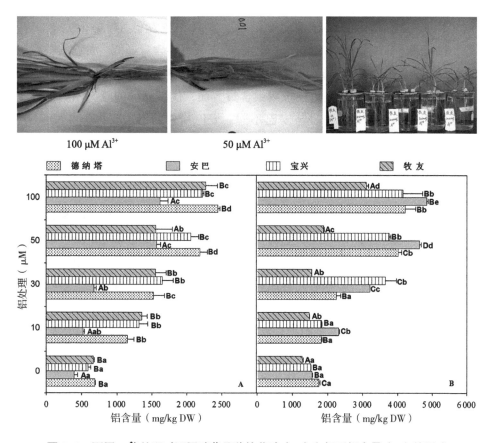

图 2-8 不同 Al^{3+} 处理对不同鸭茅品种的茎叶（A）和根系铝含量（B）的影响

注：不同小写字母表示同一鸭茅品种不同铝处理之间的铝含量差异显著（$P < 0.05$）；不同大写字母表示同一铝处理下不同鸭茅品种之间的铝含量差异显著（$P < 0.05$）。

的铝含量，且品种间存在差异。德纳塔在 50 μM Al^{3+} 处理，根系铝含量才表现出与对照处理差异显著（$P < 0.05$）；宝兴在 30 μM Al^{3+} 处理才表现出显著高于对照处理的反应（$P < 0.05$）；安巴和牧友在较低浓度 10 μM Al^{3+} 处理时，就表现出与对照显著不同的反应。而茎叶铝含量对铝胁迫的响应，与根系铝含量不同，其中安巴在 30 μM Al^{3+} 处理时，显著高于对照（$P < 0.05$）；其他 3 个品种则是在 10 μM Al^{3+} 时，表现出显著差异（$P < 0.05$）。根系中响应较为敏感的是安巴，在低浓度 10 μM，而德纳塔和宝兴的根系中响应不太敏感，在（30 μM，50 μM），在茎叶中响应的浓度较低，为 10 μM。

相同浓度 Al^{3+} 处理下，品种间也存在一定的差异。牧友根系铝含量在各个 Al^{3+} 水平下，均显著低于其他品种（$P < 0.05$）。安巴茎叶铝含量在各 Al^{3+} 处理下均显著低于其他品种（$P < 0.05$）。以 30 μM Al^{3+} 和 100 μM Al^{3+} 为例，30 μM Al^{3+} 处理下，分别比德纳塔、宝兴和牧友低 849.08 mg/kg DW，974.62 mg/kg DW 和 880.72 mg/kg DW。牧友根系铝含量最低，安巴的根系铝含量较高，而茎叶铝含量却与根系不同，为安巴茎叶铝含量最低，宝兴较高，牧友和德纳塔居中。这表明在积累铝含量方面，供试品种的能力不同，牧友根系积累的铝含量最低，且与安巴不同，安巴积累的铝主要集中在根系中，向地上部分输送得较少。

2.2.3 讨论

植物对金属离子毒害的耐受性可以用营养液中植株地上部茎叶和地下根系生长状况来进行评估[5,23]。生物量的减少和根系长度的缩短是酸性条件下植物遭受 Al^{3+} 毒害的主要症状之一[2]。矮小、发育不良的根系、根毛短小是早期铝胁迫的症状[5]。本研究得出相似的结果，供试鸭茅品种地上茎叶和地下根系的重量均受到铝胁迫的抑制，并且根系受到的影响要大于地上部茎叶，这可能归因于茎叶和根系细胞死亡和细胞超微结构高尔基体等的变化[24]。

此外，研究指出植物遭受铝胁迫的毒害与 Al^{3+} 浓度水平有关，植物吸收和积累铝会影响植物本身的一些生理和生化过程[24,25]。本研究得出，铝胁迫下鸭茅茎叶和根系均吸收和积累一定数量的铝，且根系积累的数量要远远大于茎叶中的积累量，这可能是鸭茅耐受铝胁迫的防御响应机理之一。本研究中，铝胁迫下根系向地上部茎叶转运的铝较少，这与在母菊中的研究相似，60 μM Al^{3+} 和 120 μM Al^{3+} 处理后，茎叶中铝含量与对照处理差异不显著（$P > 0.05$），而根系铝含量却显著增加[26]。在大豆上的研究发现，铝毒敏感型的品种比耐受型的品种吸收更多的铝[27]。关于鸭茅早期萌发阶段对铝胁迫的耐受研究中得出牧友的耐受性要高于其他供试品种,本研究中牧友根系吸收的铝最少,且根系干重整体上高于其他供试品种,表明铝胁迫下牧友的耐受性较高。

2.2.4 结论

(1)在酸性 Al^{3+} 生境下,鸭茅地上部和地下部生长均显著受到 Al^{3+} 的抑制,随着 Al^{3+} 浓度的增加,各生长和形态指标呈现出显著下降趋势。低浓度(10~30 μM)铝胁迫对鸭茅生长造成的抑制较弱,且在一定程度上有利于植株形成根茎比较稳定的形态,而高浓度(≥ 50 μM)铝胁迫则对鸭茅植株生长造成严重抑制,导致形成地上部分偏大,而根系较小的不稳定形态,不利于植株健康生长。

(2)对不同 Al^{3+} 处理对根长(D < 1.5 mm)、总根长、根表面积(D < 1.5 mm)、总根表面积、根体积(D < 1.5 mm)和总根体积这些根系形态参数及根系伸长率的分析得出,铝毒对鸭茅根系伸长和根系形态产生明显的抑制作用。且随着 Al^{3+} 浓度的增加而呈现逐渐减少的趋势。

(3)茎叶和根系铝含量的方差分析得出,鸭茅根系和茎叶对铝胁迫的响应灵敏,根系和茎叶铝含量随着 Al^{3+} 浓度的增加而增加。根中积累的铝含量要远远大于茎叶中的铝含量。且品种间存在一定差异,品种牧友根系中铝含量最低,耐受性较高。

参考文献

[1] MA J F, RYAN P R, DELHAIZE E. Aluminium tolerance in plants and the complexing role of organic acids[J]. Trends in Plant Science, 2001, 6(6):273–278.

[2] POSCHENRIEDER C, GUNSÉ B, CORRALES I, et al. A glance into aluminum toxicity and resistance in plants[J]. Science of The Total Environment, 2008, 400(1):356–368.

[3] VON UEXKÜLL H, MUTERT E. Global extent, development and economic impact of acid soils[J]. Plant and Soil, 1995, 171(1):1–15.

[4] WANG Y, STASS A, HORST W J. Apoplastic binding of aluminum is involved in silicon-induced amelioration of aluminum toxicity in maize[J]. Plant Physiology, 2004, 136(3):3762–3770.

[5] SINGH V P, TRIPATHI D K, KUMAR D, et al. Influence of exogenous silicon addition on

aluminium tolerance in rice seedlings[J]. Biological Trace Element Research, 2011, 144(1-3):1260-1274.

[6] HODSON M J, EVANS D E. Aluminium/silicon interactions in higher plants[J]. Journal of Experimental Botany, 1995, 46(2):161-171.

[7] ZHANG G, ALI S, ZENG F, et al. The effect of chromium and aluminum on growth, root morphology, photosynthetic parameters and transpiration of the two barley cultivars[J]. Biologia Plantarum, 2011, 55(2):291-296.

[8] ZHANG X B, PENG L, YANG Y, et al. Effect of Al in soil on photosynthesis and related morphological and physiological characteristics of two soybean genotypes[J]. Botanical Studies, 2007, 48(4):435-444.

[9] VARDAR F, ISMAILOĞLU I, INAN D, et al. Determination of stress responses induced by aluminum in maize (*Zea mays*)[J]. Acta Biologica Hungarica, 2011, 62(2):156-170.

[10] DA CRUZ F J R, DA SILVA LOBATO A K, DA COSTA R C L, et al. Aluminum negative impact on nitrate reductase activity, nitrogen compounds and morphological parameters in sorghum plants[J]. Australian Journal of Crop Science, 2011, 5(6):641-645.

[11] 何峰, 李向林, 万里强, 等. 四川低山丘陵地区多年生冷季型优良牧草引种试验[J]. 中国草地学报, 2008, 30(6):106-109.

[12] LI C, WANG Z, CHEN N, et al. First report of choke disease caused by Epichloë typhina on orchardgrass (*Dactylis glomerata*) in China[J]. Plant Disease, 2009, 93(6):673-673.

[13] WHEELER D M, EDMEADES D C, CHRISTIE R A, et al. Effect of aluminium on the growth of 34 plant species: a summary of results obtained in low ionic strength solution culture[J]. Plant and Soil, 1992, 146(1-2):61-66.

[14] CLARK R B, BALIGAR V C. Mineral concentrations of forage legumes and grasses grown in acidic soil amended with flue gas desulfurization products[J]. Communications in Soil Science and Plant Analysis, 2003, 34(11-12):1681-1707.

[15] BALIGAR V C, GRUNES D L, BELESKY D P, et al. Mineral composition of forage legumes as influenced by aluminum[J]. Journal of Plant Nutrition, 2001, 24(2):215-227.

[16] REZIĆ I, ZEINER M, STEFFAN I. Determination of 28 selected elements in textiles by axially viewed inductively coupled plasma optical emission spectrometry[J]. Talanta, 2011, 83(3):865-871.

[17] KULA I, SOLAK M H, UĞURLU M, et al. Determination of mercury, cadmium, lead, zinc, selenium and iron by ICP-OES in mushroom samples from around thermal power plant in muğla, turkey[J]. Bulletin of Environmental Contamination and Toxicology, 2011,

87(3):276-281.

[18] ERICE G, LOUAHLIA S, IRIGOYEN J J, et al. Biomass partitioning, morphology and water status of four alfalfa genotypes submitted to progressive drought and subsequent recovery[J]. Journal of Plant Physiology, 2010, 167(2):114-120.

[19] JONES D L, KOCHIAN L V. Aluminum inhibition of the inositol 1,4,5-trisphosphate signal transduction pathway in wheat roots: a role in aluminum toxicity?[J]. The Plant Cell Online, 1995, 7(11):1913-1922.

[20] ČIAMPOROVÁ M. Morphological and structural responses of plant roots to aluminium at organ, tissue, and cellular levels[J]. Biologia Plantarum, 2002, 45(2):161-171.

[21] KONNO M, OOISHI M, INOUE Y. Role of manganese in low-pH-induced root hair formation in *Lactuca sativa* cv. Grand Rapids seedlings[J]. Journal of Plant Research, 2003, 116(4):301-307.

[22] MA J F. Syndrome of aluminum toxicity and diversity of aluminum resistance in higher plants[J]. International Review of Cytology, 2007, 264:225-252.

[23] WANG M, ZHOU Q. Single and joint toxicity of chlorimuron-ethyl, cadmium, and copper acting on wheat(*Triticum aestivum*)[J]. Ecotoxicology and Environmental Safety, 2005, 60(2):169-175.

[24] PRABAGAR S, HODSON M J, EVANS D E. Silicon amelioration of aluminium toxicity and cell death in suspension cultures of Norway spruce [*Picea abies* (L.) Karst.][J]. Environmental and Experimental Botany, 2011, 70(2):266-276.

[25] CORRALES I, POSCHENRIEDER C, BARCELÓ J. Influence of silicon pretreatment on aluminium toxicity in maize roots[J]. Plant and Soil, 1997, 190(2):203-209.

[26] KOVÁČIK J, KLEJDUS B, HEDBAVNY J. Effect of aluminium uptake on physiology, phenols and amino acids in *Matricaria chamomilla* plants[J]. Journal of Hazardous Materials, 2010, 178(1):949-955.

[27] SILVA I R, SMYTH T J, MOXLEY D F, et al. Aluminum accumulation at nuclei of cells in the root tip. Fluorescence detection using lumogallion and confocal laser scanning microscopy[J]. Plant Physiology, 2000, 123(2):543-552.

第 3 章
铝胁迫对鸭茅细胞膜透性和抗氧化系统的影响及外源硅的调控机理

世界上约 50% 的可耕地和 70% 的潜在可利用土壤为酸性土壤,且在酸性土壤上存在大量的可溶性的有毒 Al^{3+} [1-3]。可溶性 Al^{3+} 对植物具有很大的毒害[4],是酸性土壤上植物生长的主要制约因子之一[5]。

尽管,近几十年来有关铝胁迫的研究不少。但是,有关铝胁迫的生化和生理机理尚不完全清楚[6]。一些研究表明,Al^{3+} 胁迫诱导了 ROS 的产生、脂质过氧化和抗氧化酶活性的提高[4,7-12]。此外,在高浓度铝胁迫下会诱导细胞死亡[9,13-16]。在拟南芥中得出超过 70% 的铝胁迫敏感型基因与代谢途径有关[17]。

铝胁迫和氧化胁迫之间有着密切关联[16,18-22]。为了应对氧化胁迫,植物体内进化形成了非酶和酶系统来调节细胞内部的 ROS 水平[8,23,24]。主要的非酶抗氧化剂是抗坏血酸盐(AsA)和谷胱甘肽(GSH),而主要的抗氧化酶是 SOD、POD 和 CAT 等[25]。较高的抗氧化酶活性促进了植物体内过多 ROS 的清除和阻止脂质过氧化,这对铝胁迫下的植物生长是有利的[16,23,26,27]。虽然,已有人在大麦[28]、甘菊[29]、高丛蓝莓[30]、豌豆[21,22]、玉米[12]、大麦[16]、苜蓿[31,32]和水稻[8]做过有关抗氧化系统对铝胁迫的响应研究。但是关于鸭茅对铝胁迫的响应却鲜有报道。此外,将细胞膜透性和抗氧化系统一起研究的报道较少。本部分试验对铝胁迫对不同鸭茅品种脂质过氧化、抗氧化酶活性、自由基清除能力、脯氨酸含量和膜透性的影响进行了系统研究,旨在明确铝胁迫下,鸭茅植株生理和生化耐受响应机理及外源加硅处理后对铝胁迫的调控机理。

3.1 铝胁迫对鸭茅细胞膜透性和抗氧化系统的影响

3.1.1 材料与方法

3.1.1.1 供试材料及培养条件

供试鸭茅品种为安巴、牧友、宝兴和德纳塔。幼苗培养条件同第2章。

3.1.1.2 试验设计

利用水培试验（Hoagland 营养液，同第2章），将预培养 14 d 的植株分别放入装有不同浓度 Al^{3+} 处理液的培养盒中。在培养盒外侧最好液面标记。Al^{3+} 处理用 $AlCl_3$ 溶液，设计5个浓度梯度，见表3-1。

表3-1 铝胁迫的处理水平

编号	名称	处理
1	0（CK）	0 μM Al^{3+}
2	10Al	10 μM Al^{3+}
3	30Al	30 μM Al^{3+}
4	50Al	50 μM Al^{3+}
5	100Al	100 μM Al^{3+}

用 0.1 mol/L 的稀盐酸（HCl）、0.1 mol/L 氢氧化钠（NaOH）和 pH 计（赛多利斯，PB-10）将处理液 pH 调整为4.5。各处理重复3次。铝处理共 15 d，在处理期间依据事先做好的液面标记，及时补充各个处理各个重复的水分蒸发，以 pH4.5 的去离子水进行补充[33]，在铝处理期间处理液不进行更换。

3.1.1.3 测定指标及方法

（1）电解质渗透率（REL）

试验结束后，各个处理选取叶龄比较接近的叶片，用事先洗净、消毒、烘干的剪刀将选好的叶片剪下，先用蒸馏水将叶片表面杂物冲洗干净，再用去离子水将其冲洗2次，然后用干净吸水纸轻轻将表面水分吸干，将叶剪成 1 cm 左右的片段。之后混匀，快速称取 0.4 g 左右，放入事先标记好编号、洗净、烘干的小烧杯内，加入 25 mL 去离子水，用玻璃棒搅匀，放置 25 min，在 25 ℃下用 REL 仪测定溶液 REL，测定完毕后，再将称有叶片小段溶液的小培置入沸水浴中 20 min，之后将烧杯取出，冷却 10 min 后，在 25 ℃下用 REL 仪再次测定溶液的煮沸 REL。REL 计算公式如下：

$$REL = （处理 REL/ 煮沸 REL）\times 100\% \qquad (3-1)$$

（2）MDA 含量

称取剪碎的植物叶片 0.5 g，加入 2 mL 10%三氯乙酸（TCA）和少许石英砂，研磨成匀浆，再加 8 ml TCA 继续进行研磨，匀浆离心（4 000×g）10 min，上清液为样品提取液。吸取离完心的上清液 2 mL（对照加 2 mL 蒸馏水），加入 2 mL 0.5%硫代巴比妥酸（TBA）溶液，混匀物于水浴锅的沸水浴中反应 30 min，迅速冷却。在 4 ℃，3 000×g 再离心 10 min。然后，取上清液测定 532 nm、450 nm 和 600 nm 波长下的吸光值。利用下式计算 MDA 的含量。

$$C（\mu M）= 6.45（OD_{532}-OD_{600}）- 0.56 OD_{450} \qquad (3-2)$$

式中：OD_{532}、OD_{600}、OD_{450} 分别代表 532 nm、600 nm、450 nm 波长下的吸光值。用式（3-2）可以直接求得植物样品中的 MDA 浓度，再依据样品鲜重计算出单位鲜重中 MDA 含量（μmol/g FW）。

（3）Proline 含量

称取各个处理各个重复的叶片 0.5 g，分别放置于 10 mL 离心管中，加 5 mL 3%磺基水杨酸溶液，管口盖好后，在沸水浴中提取 10 min，提取过程中要经常摇动离心管。煮沸完后，冷却、静置 5 min 左右，吸取上清液 2 mL 于另外干净的玻璃离心管内，加入 2 mL 冰醋酸和 2 mL 酸性茚三酮试剂（显色液），在沸水浴中加热 30 min，取出冷却后，加入 4 mL 甲苯，加盖，在振荡器上震荡 30 min 左右，让其将脯氨酸充分萃取，之后轻轻吸取萃取好脯氨酸的甲苯溶液，利用分光光度计（型号）于 520 nm 波长下进行比色，读取吸光度。脯氨酸含量计算公式如下：

$$脯氨酸含量（\mu g/g\ FW）= C \times （V/a）\times W^{-1} \qquad (3-3)$$

式中：C 为由标准曲线查得的脯氨酸含量（μg）；V 为提取液总体积（mL）；a 为测定液体（mL）；W 为样品鲜重（g）。

（4）可溶性蛋白和抗氧化酶活性测定

①粗酶液的制备

取 0.5 g 新鲜的待测叶片，放入预冷（4 ℃冰箱）的研钵中，加入 5 mL 预冷的磷酸缓冲液（0.05 mol/L，pH=7.8，含 1 mM 乙二胺四乙酸，0.1%苯甲酸磺酰氟，1%聚乙烯吡咯烷酮）在冰浴条件下研磨成匀浆。匀浆液在 4 ℃条件下以 12 000 r/min 离心 15 min 后，取上清液作为酶粗提取液，用于可溶性蛋白含量和抗氧化酶活性的测定。

可溶性蛋白含量按照 Bradford（1976）的方法测定，以牛血清蛋白（BSA）为标准蛋白[34]。

② SOD 活性的测定

采用 NBT 的方法进行测定。吸取磷酸缓冲液（0.05 mol/L，pH 7.8）30 mL，依次溶入甲硫氨酸（Met），氮蓝四唑（NBT），核黄素与乙二胺四乙酸（EDTA），使它们的最终浓度分别为 $1.3×10^{-2}$ mol/L、$6.3×10^{-5}$ mol/L、$1.3×10^{-6}$ mol/L 与 $1×10^{-4}$ mol/L，置于冰箱（4℃）中避光保存。取上述酶反应体系液 3 mL，移入试管中，试管放在一避光的反应盒内，将每个试管摆放均匀（以使各个试管能够一致地接受同一光照强度的光照），向事先已经编号的各个试管中加入 50 μL 酶液。在光照强度为 4 000 lx 的荧光灯下反应 20 min（温度控制在 25 ℃），待反应结束后，以遮光的对照管（未加酶液）作空白，分别在 560 nm 下比色测定各管的吸光度值（A 值）。SOD 活性单位以抑制 NBT 光化还原 50% 作为一个酶活单位（U）。

$$\text{SOD 总活性（U）} = [(A_0 - A_s) × V_T] / (0.5 × A_0 × W × V) \quad (3-4)$$

式中：SOD 为总活性以鲜重酶单位每克表示；A_0 为光照对照管的吸光度；A_s 为样品管的吸光度；V_T 为样品液总体积（mL）；V 为测定时样品用量（ml）；W 为鲜重（g）。

③ POD 活性测定

POD 活性的测定采用 Hammerschmidt（1982）的愈创木酚法进行测定。取 100 mM 磷酸缓冲液 50 mL，加入愈创木酚 28 μL，于磁力搅拌器上搅拌溶解，待反应液冷却后加入 30% 的 H_2O_2 19 μL，混合均匀保存于 4 ℃ 冰箱备用。取光程为 1 cm 的石英比色杯 2 只，一只加入反应液 3 mL，20 mM KH_2PO_4 1 mL 作为空白管。另一只加入反应液 3 mL，提取粗酶液 1 mL，立即开始计时，在 470 nm 波长处进行比色，记录数据，然后每隔一分钟记录一次吸光度值，共测定 3 min。以每分钟内 A_{470} 变化 0.01 为一个 POD 活性单位（U），计算植物组织内 POD 活力的大小。

$$\text{POD 活性（V）} = (\Delta A_{470} × Vt) / (W_F × V_S × t × 0.01) \quad (3-5)$$

式中：ΔA_{470} 为反应时间内吸光值的变化；W_F 为待测样品鲜重（g）；t 为反应时间（min）；Vt 为提取酶液总体积（mL）；Vs 为测定时取用酶液体积（mL）。

④ CAT 活性的测定

3 mL 反应液中包含有 50 mM 磷酸缓冲液（pH 7.0）、15 mM H_2O_2 和 50 μL 酶粗提取液，立即开始计时，在 240 nm 波长处采用光程为 1 cm 的石英比色杯进行比色，开始记录数据，然后每隔一分钟记录一次吸光度值，共测定 3 min。在 240 nm 测过氧化氢分解的速率（消光系数为 39.4/（mM·cm））[35]。以 1 min 内 OD_{240} 减少 0.1 的酶量为一个酶活单位（U）。酶促反应体系由 2.9 mL 20 mM H_2O_2 溶液和 100 μL 酶液提取液组成。以蒸馏水为参比，记录反应体系在波长 240 nm 处的吸光度值，读值 3 min。计算公式：

$$\text{CAT 活性（V）} = \triangle A_{240} \times V_T \times (0.1 \times V_S \times t \times W_F)^{-1} \quad (3-6)$$

式中：$\triangle A_{240} = A_0 - A_S$，$A_0$ 为初始吸光度；A_S 为反应结束时读取的吸光度；$\triangle A_{240}$ 为指定时间内反应混合物吸光度的变化值；V_T 为样品提取液总体积（mL）；V_S 为测定时所取样品提取液体积（mL）；W_F 为样品质量；t 为反应时间。

3.1.1.4 统计分析

利用 SPSS 20.0. 统计软件中 One-way ANOVA 程序进行单因素方差分析，General linear model 中的 Univariate 和 Multivariate 程序进行多因素方差分析，多重比较采用 Duncan's 法对平均值进行显著性检验（$P = 0.05$）。采用 SigmaPlot 10.0 软件作图。

3.1.2 结果与分析

3.1.2.1 不同 Al^{3+} 处理对鸭茅细胞膜透性的影响

（1）铝胁迫下各鸭茅品种细胞膜透性的变化

REL 是反映细胞膜透性的重要指标。方差分析结果表明，Al^{3+} 浓度的差异对鸭茅 REL 的主效差异显著（$P < 0.05$），与对照相比，不同浓度的 Al^{3+} 处理均显著增加了鸭茅叶片的 REL，在 10 μM Al^{3+} 处理时，4 个品种鸭茅叶片膜透性明显高于对照，德纳塔、安巴、宝兴和牧友分别较对照增加了 113.7%、72.3%、170.1% 和 76.6%。不同品种间鸭茅的 REL 的差异不显著（$P > 0.05$）（表 3-2，表 3-3）。

表 3-2 REL 的方差分析结果

来源	自由度	F 值	显著性水平
校正模型	19	8.053	0.000
品种	3	1.519	0.224
铝处理	4	32.826	0.000
品种 × 铝处理	12	1.429	0.193

表 3-3 不同鸭茅品种和铝处理对相对 REL 的影响

品种	相对 REL（%）	铝处理（μM）	相对 REL（%）
德纳塔	11.41±0.56 [a]	0	5.97±0.63 [a]
安巴	12.75±0.56 [a]	10	12.19±0.63 [b]
宝兴	11.66±0.56 [a]	30	11.90±0.63 [b]
牧友	11.20±0.56 [a]	50	12.89±0.63 [b]
		100	15.83±0.63 [c]

注：不同小写字母表示处理间差异显著。

（2）鸭茅细胞膜透性对铝处理的响应

不同 Al^{3+} 处理对各鸭茅品种的叶片 REL 产生了显著的差异（$P < 0.05$）（图 3-1），且随着 Al^{3+} 浓度的增加，整体上呈增加的趋势，明显高于对照处理。且各个品种对铝毒浓度的反应不太一致，其中，德纳塔叶片 REL 在处理 10 ~ 100 μM Al^{3+} 之间差异不显著（$P > 0.05$）；安巴叶片 REL 在处理 10 μM Al^{3+}、30 μM Al^{3+} 和 50 μM Al^{3+} 之间差异不显著（$P > 0.05$），但是 100 μM Al^{3+} 处理时较其他处理差异显著（$P < 0.05$）；宝兴和安巴相似，在处理 10 μM Al^{3+}、30 μM Al^{3+} 和 50 μM Al^{3+} 之间差异不显著（$P > 0.05$），而 100 μM Al^{3+} 除与 50 μM Al^{3+} 差异不显著外，与其他处理均差异显著（$P < 0.05$）；而牧友则是 30 μM Al^{3+}、50 μM Al^{3+} 和 100 μM Al^{3+} 之间差异不显著（$P > 0.05$），与其余处理差异显著（$P < 0.05$）。由此可见，4 个品种均是在 100 μM Al^{3+} 处理时，REL 达到最大，表明高浓度铝处理时，造成鸭茅植株细胞膜透性功能明显受到抑制，从而明显增加了电解质的渗透率。

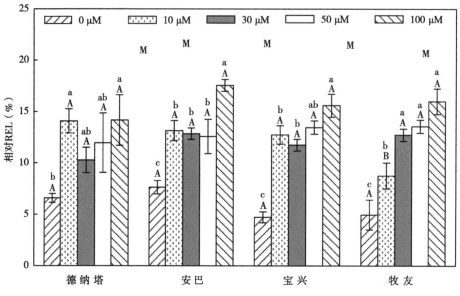

图 3-1　Al^{3+} 处理对鸭茅相对 REL 的影响

注：图中相同大写字母表示同一 Al^{3+} 浓度下不同鸭茅品种 REL 的差异（$P < 0.05$）；相同小写字母表示同一鸭茅品种不同 Al^{3+} 处理下 REL 的差异（$P < 0.05$），采用 Duncan 法进行多重比较，$P < 0.05$。

3.1.2.2　铝胁迫对不同鸭茅品种抗氧化参数的影响

（1）铝胁迫对抗氧化参数的影响

报道指出，Al^{3+} 诱导的氧化胁迫是引起 Al^{3+} 处理下植物生长受到抑制的关键过程[36]。本研究中证实了这点，Al^{3+} 处理明显引起了鸭茅的氧化胁迫。Al^{3+} 处理对 MDA、脯氨酸含量以及 SOD、POD、CAT 活性的主效差异显著（$P < 0.05$）（表 3-4 和图 3-2）；其中，MDA 含量、脯氨酸含量和 SOD 活性 3 个抗氧化参数对不同浓度 Al^{3+} 的反应趋势相似，均是随着 Al^{3+} 浓度的增加而增加；脯氨酸含量和 SOD 活性增加的幅度较大，以 50 μM Al^{3+} 处理为例，分别较对照增加了 2.83 倍和将近 1 倍（0.95）；CAT 活性（图 3-2E），当 Al^{3+} 浓度为 100 μM 时，与对照相比，CAT 活性明显增加了 50%；POD 活性在众多抗氧化参数中对铝胁迫响应不太活跃的参数，从图 3-2D 中可以看出，只有当 Al^{3+} 浓度达到 100 μM 时，才出现显著性的差异（$P < 0.05$），低于 100 μM Al^{3+} 的处理，虽然 POD 的活性较对照也有所增加，但均差异不明显（$P > 0.05$）。这表明 POD 活性对铝胁迫的响应不如 SOD 和 CAT 敏感。同时对黑小麦研究得出相似的结论,随着 Al^{3+} 浓度的增加,SOD 和 POD 活性明显增加。

表 3-4 抗氧化参数的方差分析结果

来源	因变量	自由度	F 值	P 值
校正模型	CAT 活性	19	3.755 976 925	0.000
	POD 活性	19	1.705 816 521	0.077
	SOD 活性	19	28.036 954 75	0.000
	脯氨酸含量	19	464.517 685 3	0.000
	MDA 含量	19	67.294 86	0.000
品种	CAT 活性	3	8.798 447 103	0.000
	POD 活性	3	1.791 900 988	0.164
	SOD 活性	3	54.364 539 58	0.000
	脯氨酸含量	3	243.603 574 5	0.000
	MDA 含量	3	80.674 36	0.000
铝处理	CAT 活性	4	9.633 284 182	0.000
	POD 活性	4	5.740 324 084	0.001
	SOD 活性	4	84.756 204 44	0.000
	脯氨酸含量	4	1 928.861 225	0.000
	MDA 含量	4	232.465 5	0.000
品种 × 铝处理	CAT 活性	12	0.536 256 962	0.878
	POD 活性	12	0.339 459 549	0.976
	SOD 活性	12	2.548 641 982	0.004
	脯氨酸含量	12	31.631 699 58	0.000
	MDA 含量	12	8.893 108	0.000

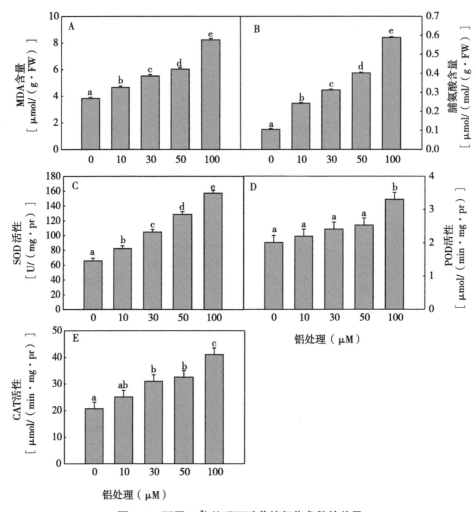

图 3-2 不同 Al^{3+} 处理下鸭茅抗氧化参数的差异

注：A，MDA 含量；B，脯氨酸含量；C，SOD 活性；D，POD 活性；E，CAT 活性。不同小写字母表示抗氧化参数差异显著（$P < 0.05$）。

（2）铝胁迫下各鸭茅品种抗氧化参数的变化

除 POD 活性以外，4 个品种间 MDA、脯氨酸含量以及 SOD、CAT 活性差异显著（$P < 0.05$）（表 3-5）。宝兴和牧友的 MDA 含量明显地高于安巴和德纳塔，这表明在受到铝胁迫情况下，前两者的膜脂质受到更为严重的伤害，而后两者相比前两者耐受性要高。对于脯氨酸含量而言，安巴的脯氨酸含量要明显地高于其他品种，说明在脯氨酸积累方面，安巴要比其他品种耐受性

强。SOD 活性和 POD 活性品种间的差异比较相似，均是安巴高于其他 3 个品种。这表明在通过提高抗氧化酶活性来防御胁迫方面，安巴要优于其他品种。

表 3-5 不同品种间抗氧化参数的差异

品种	MDA 含量	脯氨酸含量	SOD 活性	POD 活性	CAT 活性
德纳塔	4.6c	0.3b	119.0b	2.7a	26.9b
安巴	5.2b	0.4a	137.1a	2.7a	40.0a
宝兴	6.2a	0.3b	80.4d	2.3a	26.4b
牧友	6.5a	0.3b	94.6c	2.3a	27.0b

（3）抗氧化参数对铝胁迫的综合响应

根据两因素析因方差分析结果得出，Al^{3+} 处理和品种之间对鸭茅 MDA、脯氨酸含量、SOD 活性的交互作用显著（$P < 0.05$）；而对 CAT 和 POD 活性的交互作用不显著（$P > 0.05$）（表 3-4）。

（4）铝处理对鸭茅抗氧化参数的影响

从表 3-5、图 3-3、图 3-4、图 3-5 可以看出，铝处理对 4 个鸭茅品种 MDA 含量、Proline 和 SOD 活性等抗氧化参数的主效显著（$P < 0.05$）。随着 Al^{3+} 浓度的增加，各抗氧化参数均呈明显的上升趋势，均从 10 μM Al^{3+} 处理时，就开始与对照处理差异显著，MDA 含量、Proline、SOD、POD 和 CAT 活性分别较对照增加了 13.2%、71.4%、35.1%、15.7% 和 25.7%（$P < 0.05$）；并在 100 μM Al^{3+} 处理时，各个抗氧化参数均上升到最高，MDA 含量、Proline、SOD、POD 和 CAT 活性分别比对照增加了 55.4%、237.3%、115.5%、67.1% 和 126.2%（$P < 0.05$）。

① MDA 含量

MDA 含量通常被用来衡量脂质过氧化的重要指标[5]。对照处理的 MDA 含量品种间显著不差异（$P > 0.05$），不同浓度 Al^{3+} 处理对不同品种的影响不同，从图 3-3A 可以看出，0～50 μM Al^{3+} 处理下，宝兴和牧友的 MDA 含量均比德纳塔和安巴的 MDA 含量高（$P < 0.05$），其中，牧友的 MDA 含量最高；而 100 μM Al^{3+} 处理下，MDA 含量宝兴最高，其次是安巴和牧友，德纳

塔最低,这表明在轻度胁迫(低于 50 μM Al³⁺)情况下,安巴和德纳塔的膜脂质过氧化程度要低于宝兴和牧友,说明前两者具有较高的耐受性,而达到重度胁迫时,宝兴的响应最为敏感。同时,随着 Al³⁺ 浓度的增加,4 个鸭茅品种的 MDA 含量均呈显著增加的趋势。这与黑小麦上的研究相似[5]。

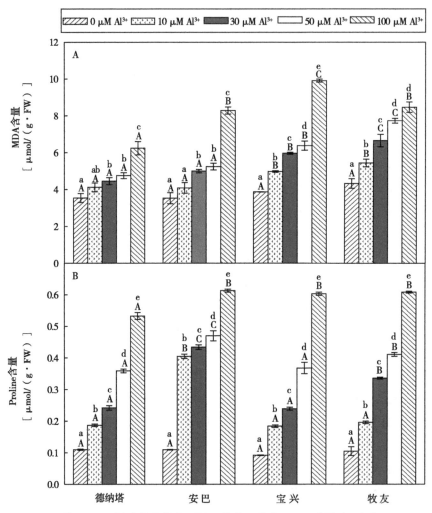

图 3-3 不同鸭茅品种在不同 Al³⁺ 处理鸭茅 MDA 含量(A)和
Proline 含量(B)的变化

注:图中相同大写字母表示同一 Al³⁺ 浓度下不同鸭茅品种 MDA 含量(A)和 Proline 含量(B)的差异($P < 0.05$);相同小写字母表示同一鸭茅品种不同 Al³⁺ 处理下 MDA 含量(A)和 Proline 含量(B)的差异($P < 0.05$)。

② 脯氨酸含量

随着 Al^{3+} 浓度的增加，4 个鸭茅品种的脯氨酸含量均有增加的趋势（图 3-3B）。且不同 Al^{3+} 处理水平下，各品种存在不同程度的差异。对照处理时，脯氨酸含量品种间没有显著差异（$P > 0.05$），不同浓度 Al^{3+} 处理对不同品种的影响不同。从图 3-3B 可以看出，在 10 μM Al^{3+} 处理下，与其他品种相比，安巴的脯氨酸含量最高（$P < 0.05$），且其他 3 个品种间显著差异不显著（$P > 0.05$）；30 μM 和 50 μM Al^{3+} 处理下，安巴脯氨酸含量最高，其次是牧友，最低的是德纳塔和宝兴，且这两品种间差异不显著（$P < 0.05$）；而 100 μM Al^{3+} 处理下，德纳塔的脯氨酸含量较低，其余 3 个品种的脯氨酸偏高，且差异不显著（$P > 0.05$）。这表明 4 个鸭茅品种抗氧化系统对铝胁迫的响应不同。从脯氨酸抗逆方面分析得出，安巴抗铝性较强。

③ SOD 活性

从图 3-4A 中可以看出，Al^{3+} 处理和品种对鸭茅 SOD 活性的交互作用显著（$P < 0.05$），其中，安巴和德纳塔的 SOD 活性明显高于宝兴和牧友（$P < 0.05$），尤其是安巴，在不同浓度的 Al^{3+} 处理情况下，SOD 活性均显著高于其他鸭茅品种。而宝兴却在各个铝处理下，SOD 活性都比较低。随着 Al^{3+} 浓度增加，4 个品种的 SOD 活性均呈增加的趋势。且在 30 μM Al^{3+} 处理下，SOD 活性明显地高于对照处理（$P < 0.05$），这表明 30 μM Al^{3+} 很可能是鸭茅受到铝胁迫引起氧化胁迫的一个临界浓度。

④ POD 活性

从图 3-4B 中可以看出，不同 Al^{3+} 浓度处理对 4 个鸭茅品种 POD 活性的影响差异不显著（$P > 0.05$）；并且不同品种之间的 POD 活性差异也不显著（$P > 0.05$）；这表明在鸭茅抵抗铝胁迫方面，POD 活性的变化对铝胁迫不敏感，不能够快速反应鸭茅的抗铝性强弱。且铝处理和品种之间的交互作用不显著（$P > 0.05$）。

⑤ CAT 活性

从图 3-4C 中可以看出，不同品种的 CAT 活性之间的差异不显著（$P > 0.05$）；安巴和宝兴的 CAT 活性随着 Al^{3+} 浓度的增加呈现增加的趋势，安巴是在 30 μM Al^{3+} 处理时，CAT 活性出现一个拐点，明显高于对照处理，而宝兴的 CAT 活性在 100 μM Al^{3+} 才出现明显的增加趋势；不同 Al^{3+} 处理下，德纳塔和牧友的 CAT 活性变化不显著（$P > 0.05$）。

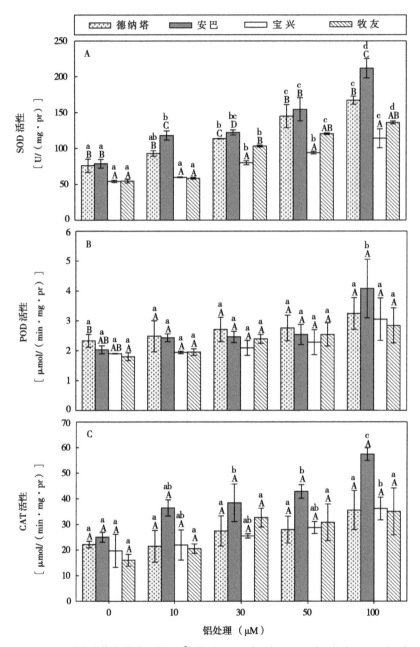

图 3-4 不同鸭茅品种在不同 Al^{3+} 处理 SOD（A）、POD（B）和 CAT（C）活性的变化

注：图中相同大写字母表示同一 Al^{3+} 浓度下不同鸭茅品种 SOD（A）、POD（B）和 CAT（C）的差异（$P<0.05$）；相同小写字母表示同一鸭茅品种不同 Al^{3+} 处理下 SOD（A）、POD（B）和 CAT（C）的差异（$P<0.05$）。

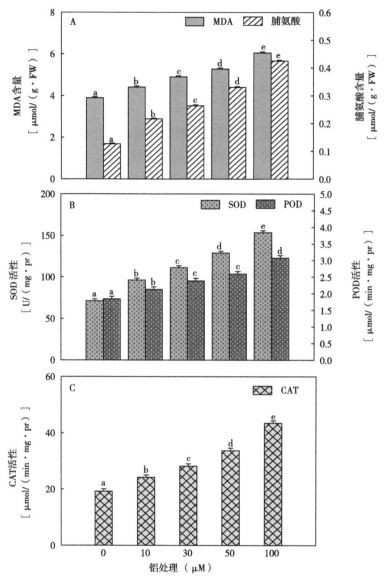

图 3-5 铝处理对鸭茅 MDA 含量和脯氨酸含量、SOD 活性、POD 活性和 CAT 活性的影响

注：试验数据来源于 3 次独立的重复试验。误差线为标准误。不同小写字母表示对应抗氧化参数差异显著，$P < 0.05$（Duncan 多重比较）。

3.1.3 结论

（1）铝离子胁迫诱导鸭茅的氧化胁迫，诱发了鸭茅体内产生过量的活性氧，这是植物遭受氧化胁迫的首要反应，且激发了细胞膜透性的增强和抗氧化参数的增加。

（2）不同铝处理对不同鸭茅品种的抗氧化参数的产生显著的影响。除MDA含量外，安巴其余抗氧化参数均高于其他品种。各品种POD活性对铝处理的反应不敏感，其次是CAT，反应比较激烈的是MDA、脯氨酸含量和SOD活性。

（3）各品种不同抗氧化参数对铝处理的反应不同，处理之间存在显著差异。安巴各个Al^{3+}处理下的SOD活性均高于其他品种，其次是德纳塔，且安巴体内脯氨酸含量的积累和抗氧化酶活性的提高均比其他品种高。

参考文献

[1] KOCHIAN L V. Cellular mechanisms of aluminum toxicity and resistance in plants [J]. Annual Review of Plant Physiology and Plant Molecular Biology, 1995, 46: 237–260.

[2] MATSUMOTO H. Cell biology of aluminum toxicity and tolerance in higher plants [J]. International Review of Cytology, 2000, 200: 1–46.

[3] TAHARA K, YAMANOSHITA T, NORISADA M, et al. Aluminum distribution and reactive oxygen species accumulation in root tips of two Melaleuca trees differing in aluminum resistance [J]. Plant and Soil, 2008, 307(1–2): 167–178.

[4] XU F J, LI G, JIN C W, et al. Aluminum-induced changes in reactive oxygen species accumulation, lipid peroxidation and antioxidant capacity in wheat root tips [J]. Biologia Plantarum, 2012, 56(1): 89–96.

[5] KOCHIAN L V, HOEKENGA O A, PINEROS M A. How do crop plants tolerate acid soils? Mechanisms of aluminum tolerance and phosphorous efficiency [J]. Annual Review Plant Biology, 2004, 55: 459–493.

[6] MA J F. Syndrome of aluminum toxicity and diversity of aluminum resistance in higher plants [J]. International Review of Cytology, 2007, 264: 225–252.

[7] CAKMAK I, HORST W J. Effect of aluminium on lipid peroxidation, superoxide dismutase, catalase, and peroxidase activities in root tips of soybean (*Glycine max*) [J]. Physiologia Plantarum, 1991, 83(3): 463–468.

[8] SHARMA P, DUBEY R. Involvement of oxidative stress and role of antioxidative defense system in growing rice seedlings exposed to toxic concentrations of aluminum [J]. Plant Cell Reports, 2007, 26(11): 2027–2038.

[9] ŠIMONOVIČOVÁ M, TAMÁS L, HUTTOVÁ J, et al. Effect of aluminium on oxidative stress related enzymes activities in barley roots [J]. Biologia Plantarum, 2004, 48(2): 261–

266.

[10] WEN X P, BAN Y, INOUE H, et al. Aluminum tolerance in a spermidine synthase-overexpressing transgenic European pear is correlated with the enhanced level of spermidine via alleviating oxidative status [J]. Environmental and Experimental Botany, 2009, 66(3): 471-478.

[11] YADAV S, MOHANPURIA P. Responses of Camellia sinensis cultivars to Cu and Al stress [J]. Biologia Plantarum, 2009, 53(4): 737-740.

[12] GIANNAKOULA A, MOUSTAKAS M, SYROS T, et al. Aluminum stress induces up-regulation of an efficient antioxidant system in the Al-tolerant maize line but not in the Al-sensitive line [J]. Environmental and Experimental Botany, 2010, 67(3): 487-494.

[13] ZHENG K, PAN J W, YE L, et al. Programmed cell death-involved aluminum toxicity in yeast alleviated by antiapoptotic members with decreased calcium signals [J]. Plant Physiology, 2007, 143(1): 38-49.

[14] MOHAN-MURALI-ACHARY V, PATNAIK A R, PANDA B B. Oxidative biomarkers in leaf tissue of barley seedlings in response to aluminum stress [J]. Ecotoxicology and Environmental Safety, 2012, 75(1): 16-26.

[15] LI Z, XING D. Mechanistic study of mitochondria-dependent programmed cell death induced by aluminium phytotoxicity using fluorescence techniques [J]. Journal of Experimental Botany, 2011, 62(1): 331-343.

[16] TAMÁS L, HUTTOVÁ J, MISTRÍK I, et al. Aluminium-induced drought and oxidative stress in barley roots [J]. Journal of Plant Physiology, 2006, 163(7): 781-784.

[17] GOODWIN S, SUTTER T. Microarray analysis of *Arabidopsis* genome response to aluminum stress [J]. Biologia Plantarum, 2009, 53(1): 85-99.

[18] RICHARDS K D, SCHOTT E J, SHARMA Y K, et al. Aluminum induces oxidative stress genes in *Arabidopsis thaliana* [J]. Plant Physiology, 1998, 116(1): 409-418.

[19] BOSCOLO P R S, MENOSSI M, JORGE R A. Aluminum-induced oxidative stress in maize [J]. Phytochemistry, 2003, 62(2): 181-189.

[20] YAMAMOTO Y, KOBAYASHI Y, RAMA DEVI S, et al. Oxidative stress triggered by aluminum in plant roots [J]. Plant and Soil, 2003, 255(1): 239-243.

[21] PANDA S K, MATSUMOTO H. Changes in antioxidant gene expression and induction of oxidative stress in pea (*Pisum sativum* L.) under Al stress [J]. Biometals, 2010, 23(4): 753-762.

[22] SUJKOWSKA-RYBKOWSKA M. Reactive oxygen species production and antioxidative

defense in pea (*Pisum sativum* L.) root nodules after short-term aluminum treatment [J]. Acta Physiologiae Plantarum, 2012: 1-14.

[23] APEL K, HIRT H. Reactive Oxygen Species: metabolism, oxidative stress, and signal transduction[J/OL]. Annual Review of Plant Biology, 2004: 373-399.

[24] ALI B, HASAN S A, HAYAT S, et al. A role for brassinosteroids in the amelioration of aluminium stress through antioxidant system in mung bean (*Vigna radiata* L. Wilczek) [J]. Environmental and Experimental Botany, 2008, 62(2): 153-159.

[25] FOYER C H, NOCTOR G. Oxidant and antioxidant signalling in plants: a reevaluation of the concept of oxidative stress in a physiological context [J]. Plant, Cell & Environment, 2005, 28(8): 1056-1071.

[26] MITTLER R, VANDERAUWERA S, GOLLERY M, et al. Reactive oxygen gene network of plants [J]. Trends in Plant Science, 2004, 9(10): 490-498.

[27] MILLER G, SHULAEV V, MITTLER R. Reactive oxygen signaling and abiotic stress [J]. Physiologia Plantarum, 2008, 133(3): 481-489.

[28] LI Q Y, NIU H B, YIN J, et al. Transgenic barley with overexpressed PTrx increases aluminum resistance in roots during germination [J]. Journal of Zhejiang University: Science B, 2010, 11(11): 862-870.

[29] KOVÁČIK J, KLEJDUS B, HEDBAVNY J. Effect of aluminium uptake on physiology, phenols and amino acids in *Matricaria chamomilla* plants [J]. Journal of Hazardous Materials, 2010, 178(1-3): 949-955.

[30] REYES-DÍAZ M, INOSTROZA-BLANCHETEAU C, MILLALEO R, et al. Long-term aluminum exposure effects on physiological and biochemical features of highbush blueberry cultivars [J]. Journal of the American Society for Horticultural Science, 2010, 135(3): 212-222.

[31] CHEN Q, ZHANG X D, WANG S S, et al. Transcriptional and physiological changes of alfalfa in response to aluminium stress [J]. Journal of Agricultural Science, 2011, 149(6): 737-751.

[32] FAN F, LI X W, WU Y M, et al. Differential expression of expressed sequence tags in alfalfa roots under aluminum stress [J]. Acta Physiologiae Plantarum, 2011, 33(2): 539-546.

[33] BALIGAR V C, GRUNES D L, BELESKY D P, et al. Mineral composition of forage legumes as influenced by aluminum [J]. Journal of Plant Nutrition, 2001, 24(2): 215-227.

[34] BRADFORD M M. A rapid and sensitive method for the quantitation of microgram quantities of protein utilizing the principle of protein-dye binding [J]. Analytical

Biochemistry, 1976, 72(1-2): 248-254.

[35] PINHERO R G, RAO M V, PALIYATH G, et al. Changes in activities of antioxidant enzymes and their relationship to genetic and paclobutrazol-induced chilling tolerance of maize seedlings [J]. Plant Physiology, 1997, 114(2): 695-704.

[36] YAMAMOTO Y, KOBAYASHI Y, DEVI S R, et al. Aluminum toxicity is associated with mitochondrial dysfunction and the production of reactive oxygen species in plant cells [J]. Plant Physiology, 2002, 128(1): 63-72.

3.2 外源硅对铝胁迫下鸭茅细胞膜透性和抗氧化系统的影响

3.2.1 材料与方法

3.2.1.1 供试材料

供试鸭茅品种分别是牧友、安巴、宝兴和德纳塔。培养条件同第 2 章。

3.2.1.2 试验设计

在上面铝胁迫试验基础上，设计硅铝互作试验。硅处理以偏硅酸钠（$Na_2SiO_3 \cdot 5H_2O$）的形式加入，设 0 mM 和 2 mM 两个水平。本试验中共有 10 个处理组合（表 3-6）。各个处理液 pH 均调整为 4.5。且各个处理液的 pH 每天用 pH 计（赛多利斯，PB-10）进行检测，如需调整，用 0.1 M NaOH 和 0.1 M HCl 进行调节。每个品种每个处理重复 3 次。植株置于光照培养箱（Sanyo-MLR-351H 型，25 ℃ 10 h 光照，20 ℃ 14 h 黑暗，RH 70%）内处理 15 d，处理期间依据事先做好的液面标记，及时补充各个处理各个重复的水分蒸发，以 pH4.5 的去离子水进行补充，在铝处理期间处理液不进行更换。

表 3-6 营养液中的 10 个处理

编号	名称	处理	编号	名称	处理
1	CK（Al_0）	纯营养液不加 Al^{3+} 和硅	6	Si	纯营养液添加 2mM 硅酸钠
2	Al_{10}	10 μM Al^{3+}	7	Al_{10}+Si	10 μM Al^{3+} + 2mM Si
3	Al_{30}	30 μM Al^{3+}	8	Al_{30}+Si	30 μM Al^{3+} + 2mM Si
4	Al_{50}	50 μM Al^{3+}	9	Al_{50}+Si	50 μM Al^{3+} + 2mM Si
5	Al_{100}	100 μM Al^{3+}	10	Al_{100}+Si	100 μM Al^{3+} + 2mM Si

3.2.1.3 指标测定

同第 3 章第 3.1 节。

3.2.2 结果与分析

3.2.2.1 外源硅对铝胁迫下鸭茅细胞膜透性的影响

从图 3-6 和表 3-7 得出，硅处理、铝处理和品种分别对鸭茅叶片 REL 的主效显著（$P < 0.05$）。铝处理对鸭茅叶片 REL 具有显著的影响，随着 Al^{3+} 浓度的增加而呈一种增加趋势。加硅处理后，鸭茅叶片 REL 明显低于不加硅处理（$P < 0.05$），减少了 14.4%，且硅铝互作效果显著（$P < 0.05$）（表 3-7）。从图 3-6 可以看出，各 Al^{3+} 处理加硅后其 REL 均要比对应不加硅处理低。除了 0+Si 处理与对应的不加硅处理（0 μM Al^{3+}）差异不显著外（$P > 0.05$），其余加硅处理均显著低于对应的不加硅处理（$P < 0.05$）。加硅处理 10+Si、30+Si、50+Si 和 100+Si 分别比对应不加硅处理增加了 24.4%、11.9%、17.2% 和 16.0%。表明外源加硅处理可以在一定程度上缓解铝胁迫下鸭茅膜透性功能所受的不良影响，保护鸭茅细胞膜透性功能的正常发挥。而品种间的差异不大，仅是安巴的 REL 略高于宝兴和德纳塔，但与牧友差异不显著（$P > 0.05$），而牧友又与宝兴和德纳塔之间差异不显著（$P > 0.05$）（表 3-7）。

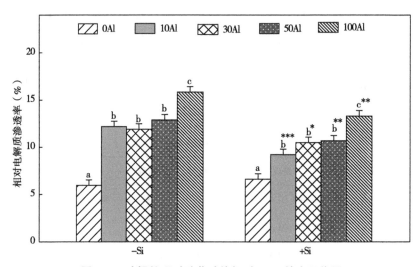

图 3-6　硅铝处理对鸭茅叶片相对 REL 的交互作用

注：不同小写字母表示同一硅处理下不同铝处理之间的差异（$P < 0.05$）；星号表示同一铝处理水平下加硅处理与不加硅处理间的差异显著性，$* P < 0.05$，$** P < 0.01$，$*** P < 0.001$。采用 Duncan 多重比较法。

外源加硅对处于 Al^{3+} 胁迫状态下的鸭茅品种具有一定的保护作用，能够降低铝胁迫下的鸭茅 REL，在一定程度上保护其细胞膜透性功能的正常发挥。

表 3-7 硅铝互作试验鸭茅 REL 的方差分析结果

变异来源	自由度	F 值	P 值
校正模型	39	7.514	0.000
品种	3	3.384	0.022
铝处理	4	52.309	0.000
硅处理	1	21.112	0.000
品种 × 铝处理	12	1.388	0.189
品种 × 硅处理	3	1.465	0.230
铝处理 × 硅处理	4	3.024	0.022

3.2.2.2 外源硅对铝胁迫下鸭茅抗氧化参数的影响

（1）硅处理对鸭茅抗氧化参数的影响

从表 3-8 和图 3-7 可以看出，硅处理对 4 个鸭茅品种 MDA 含量、脯氨酸和 SOD 活性等抗氧化参数具有显著的影响（$P < 0.05$）。与不加硅处理相比，加硅处理后的 MDA 含量显著降低（$P < 0.05$），降低了 16.5%；而脯氨酸含量、SOD 活性、POD 活性和 CAT 活性明显增加（$P < 0.05$），分别比不加硅处理增加了 51.9%、16.9%、12.7% 和 37.0%。

表 3-8 抗氧化参数的方差分析结果

来源	因变量	自由度	F 值	显著性
校正模型	MDA	39	42.261	0.000
	脯氨酸	39	266.684	0.000
	SOD	39	28.975	0.000
	POD	39	5.580	0.000
	CAT	39	18.445	0.000
品种	MDA	3	67.769	0.000
	脯氨酸	3	360.860	0.000

续表

来源	因变量	自由度	F 值	显著性
品种	SOD	3	90.028	0.000
	POD	3	8.930	0.000
	CAT	3	12.769	0.000
硅处理	MDA	1	347.229	0.000
	脯氨酸	1	1 794.382	0.000
	SOD	1	73.229	0.000
	POD	1	17.509	0.000
	CAT	1	144.837	0.000
铝处理	MDA	4	242.882	0.000
	脯氨酸	4	1 488.541	0.000
	SOD	4	187.655	0.000
	POD	4	37.075	0.000
	CAT	4	116.971	0.000
品种 × 硅处理	MDA	3	6.825	0.000
	脯氨酸	3	13.638	0.000
	SOD	3	0.270	0.847
	POD	3	1.076	0.364
	CAT	3	2.516	0.064
品种 × 铝处理	MDA	12	2.778	0.003
	脯氨酸	12	13.113	0.000
	SOD	12	1.311	0.229
	POD	12	0.368	0.971
	CAT	12	1.548	0.125
硅处理 × 铝处理	MDA	4	14.663	0.000
	脯氨酸	4	301.256	0.000
	SOD	4	2.231	0.073
	POD	4	3.393	0.013
	CAT	4	7.058	0.000

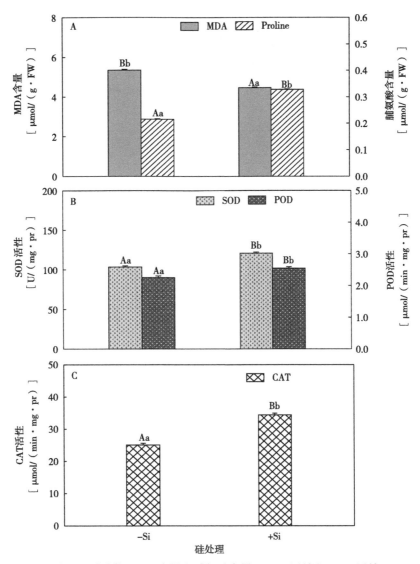

图 3-7　硅处理对鸭茅 MDA 含量和脯氨酸含量、SOD 活性和 POD 活性、CAT 活性的影响

注：试验数据来源于 3 次独立的重复试验。误差线为标准误。不同小写字母表示 $P<0.05$ 水平上差异显著，大写字母表示在 $P<0.01$ 水平上差异显著（Duncan 多重比较）。

（2）硅铝交互对鸭茅抗氧化参数的影响

从表 3-8 和图 3-8 中得出，除 SOD 以外，其他抗氧化参数对硅铝互作的响应显著（$P<0.05$）。不加硅处理下的各抗氧化参数均随着 Al^{3+} 浓度的增加而呈显著上升趋势。但是各抗氧化参数开始出现显著变化的浓度不一致。

SOD 活性出现较晚，在 30 μM Al^{3+} 处理，才开始与对照处理差异显著（$P < 0.05$），比对照提高了 48.2%。而其他抗氧化参数则出现较早，均在 10 μM Al^{3+} 处理时就显著高于对照（$P < 0.05$）。MDA 含量、脯氨酸、POD 活性和 CAT 活性分别比对照增加了 16.5%、28.5%、17.4% 和 22.8%。且 POD 活性

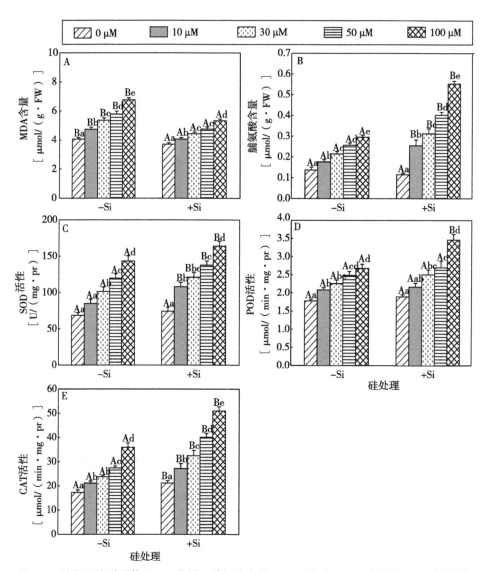

图 3-8　硅铝互作对鸭茅 MDA 含量、脯氨酸含量、SOD 活性、POD 活性和 CAT 活性的影响

注：不同小写字母表示同一硅处理不同铝处理之间的差异显著（$P < 0.05$）；不同大写字母表示同一铝处理不同硅处理之间的差异显著（$P < 0.05$），采用 Duncan 多重比较法。

和 CAT 活性分别在 10 μM Al^{3+} 和 30 μM Al^{3+} 间差异不显著（$P > 0.05$）。POD 活性在 30 μM Al^{3+} 和 100 μM Al^{3+} 处理间差异不显著（$P > 0.05$），但分别与 50 μM Al^{3+} 差异显著（$P < 0.05$）。

与不加硅处理相比，加硅处理后各抗氧化参数均发生显著变化（$P < 0.05$）。其中，POD 活性对硅铝互作的响应仅在高浓度 Al^{3+} 处理才比较显著。在低浓度 Al^{3+} 处理（0～50 μM）时，加硅处理的 POD 与不加硅处理差异不显著（$P > 0.05$），到高浓度 100 μM 时，加硅处理才显著高于对应不加硅处理（100 μM Al^{3+}）（$P < 0.05$）；而其余抗氧化参数对硅铝互作的响应比较灵敏。MDA 含量在各个 Al^{3+} 浓度对应的加硅处理均比对应的不加硅处理显著降低（$P < 0.05$），0+Si、10+Si、30+Si、50+Si 和 100+Si 分别较对应的不加硅处理降低了 8.7%、14.1%、17.0%、17.8% 和 21.3%。脯氨酸、SOD 活性和 POD 活性，0+Si 处理与对应的不加硅处理（0 μM Al^{3+}）相比差异不显著（$P > 0.05$），其余加硅处理均比对应的不加硅处理差异显著（$P < 0.05$）。CAT 活性加硅处理均比对应不加硅处理显著提高（$P < 0.05$）。与 10 μM Al^{3+} 处理相比，10+Si 处理的脯氨酸、SOD 活性和 CAT 活性分别显著增加了 45.1%、27.2% 和 28.4%；100+Si 处理的脯氨酸、SOD 活性、POD 活性和 CAT 活性分别比对应的不加硅处理（100 μM Al^{3+}）显著增加了 86.9%、14.5%、29.1% 和 41.8%。

外源加硅，对处于铝胁迫条件下的 4 个鸭茅品种 MDA 含量、脯氨酸含量、SOD 活性、POD 活性和 CAT 活性等抗氧化参数产生了显著的效果，明显降低了 MDA 含量和显著增加了脯氨酸含量、SOD 活性、POD 活性和 CAT 活性，这在一定程度上缓解了铝胁迫所引起的氧化胁迫症状，进而减轻鸭茅植株的受抑程度。硅铝处理对各抗氧化参数的交互作用显著。不同抗氧化参数对外源加硅的响应不一致。POD 活性仅在高浓度（100 μM）铝胁迫下对外源加硅的响应显著；而 MDA 含量、脯氨酸含量、SOD 活性和 CAT 活性则在较低浓度（0～10 μM）铝胁迫下，就对加硅处理产生显著的响应。不同品种在耐受铝胁迫上存在差异。综合考虑品种间 MDA 含量和脯氨酸含量的差异，得出安巴耐受性较强。

3.2.3 讨论

脂质过氧化被认为是对包括铝胁迫在内的非生物胁迫和生物胁迫比较敏感的指标之一[1]。MDA 是脂质过氧化的终产物，通常被用来衡量脂质过氧化的指标[1]，能够反映植物的氧化程度[2]。1991 年首次发现铝胁迫明显诱导了敏感型大豆对 MDA 的积累。报道指出，MDA 含量的增加与根系伸长受阻有着密切联系[3]。也有研究报道得出相反的结果，该报道指出，铝胁迫并没有诱导脂质过氧化。这些不一致的研究结果表明铝胁迫诱导氧化胁迫的部位因植物物种的不同而有所不同。本研究结果表明，在低浓度 10 μM Al^{3+}，就诱导了鸭茅植株 MDA 含量的增加和根系伸长的抑制。因此，表明脂质过氧化和铝胁迫引起的根系伸长受阻是植物遭受铝胁迫之后较早的响应，这和之前的研究相似。在琉璃苣研究也得出，铝胁迫明显增加其 MDA 含量，并且随着铝胁迫程度的加深，MDA 含量明显增加[4]，和本研究的结果相似。

本研究中，细胞质膜透性的增加和抗氧化参数的变化，证实了氧化胁迫是由于铝胁迫引起的[5]。本研究中，细胞质膜透性的提高与根系伸长受抑存在着关联，随着 Al^{3+} 浓度的增加，叶片膜透性增强，根系伸长率降低。

SOD 是催化超氧离子（O_2^-）形成水（H_2O）和氧气（O_2）的一种关键的抗氧化酶。POD 不仅能够通过氧化各种底物来分解 H_2O_2，而且能够利用还原型辅酶（NADH）产生 ROS[6,7]。本研究中，在 30 μM Al^{3+} 处理时，各鸭茅品种 SOD 活性比对照处理显著增加，这与前人的研究结果相似[8]。而 POD 活性却没有增加，对千层树研究得出，铝胁迫导致 POD 活性的降低[3]。CAT 是植物体内清除 H_2O_2 的关键酶之一，能够直接催化 H_2O_2 形成 H_2O 和 O_2。在小麦上得出，铝胁迫诱导了 CAT 活性的增加，且耐受性品种比敏感型品种高[4]。而本研究中，只有安巴和宝兴的 CAT 活性显著增加，而德纳塔和牧友的 CAT 没有显著增加，表明铝胁迫条件下，鸭茅 CAT 活性的响应存在品种差异，安巴和宝兴耐受性更强一些。且耐受性不同的各品种均通过抗氧化酶途径的响应来减轻铝胁迫所引起的氧化胁迫，且耐受性强的品种，抗氧化酶活性更高，从而清除体内 ROS 的能力就较高。也有报道得出，不一致的结果，在大豆铝胁迫下，敏感型品种的 CAT 活性要高于耐受性强的品种。还有一些研究得出相反的结果，铝胁迫下，大豆和水稻的 CAT 活性均呈下降趋势[9]。上述不同的研究结果，可能原因是植物对抗铝胁迫诱导的氧化胁迫的响应机理与植物的种类和组织水平有一定的关联。

此外，脯氨酸是植物初级代谢的产物，被认为是渗透调节的溶解物，对植物是至关重要的[4]。当植物遭受各种环境胁迫时，脯氨酸积累就会被激发，以增加植物的抗逆性。并且脯氨酸在植物遭逆境胁迫时，能够快速提供给植物生长所需的碳和氮，而且在维持细胞结构稳定和清除自由基上起着重要作用[10]。在本研究中，铝胁迫诱导各个鸭茅植株体内脯氨酸的积累，且随着铝胁迫程度的加深，脯氨酸含量显著增加。这与前人的研究结果相似[11]。硅通过增加琉璃苣的脯氨酸含量来抵消铝胁迫对其的不良影响，从而提高琉璃苣的耐受性[4]。且本研究中的安巴较其他品种积累脯氨酸的量多，表明脯氨酸积累很可能是鸭茅对抗铝胁迫的响应机理之一。

3.2.4 结论

本章对鸭茅耐受铝胁迫的细胞膜透性和抗氧化系统的响应及硅铝互作机理进行研究。主要结论如下：

铝胁迫诱导鸭茅的氧化胁迫，诱发了鸭茅体内产生过量的ROS，这是植物遭受氧化胁迫的首要反应。且激发了细胞膜透性的增强和抗氧化参数的增加。耐受性较强的品种安巴体内脯氨酸含量的积累和抗氧化酶活性的提高均比其他品种高。因此，本研究提出脯氨酸含量、SOD活性等抗氧化参数的提高很可能是鸭茅耐受铝胁迫的机理之一。

外源加硅后，显著降低了铝胁迫下鸭茅的REL和MDA含量，增加了脯氨酸含量和提高了SOD等抗氧化酶的活性，表明硅通过降低REL来减轻铝胁迫对鸭茅细胞膜透性的破坏、减轻脂质过氧化的程度、提高鸭茅铝胁迫下氨基酸（脯氨酸）的水平，以及增强抗氧化酶活性，来增强鸭茅的耐受性，表明硅很可能通过诱导植物体内的抗逆性氨基酸的代谢水平和激发植物体内的抗氧化系统的途径来缓解鸭茅的铝胁迫。

参考文献

[1] ZHEN Y, MIAO L, SU J, et al. Differential responses of anti-oxidative enzymes to aluminum stress in tolerant and sensitive soybean genotypes[J]. Journal of Plant Nutrition, 2009, 32(8): 1255-1270.

[2] GUO T, ZHANG G, ZHOU M, et al. Effects of aluminum and cadmium toxicity on growth and antioxidant enzyme activities of two barley genotypes with different Al resistance[J]. Plant and Soil, 2004, 258(1): 241-248.

[3] BASU U, GOOD A G, TAYLOR G J. *Transgenic Brassica napus* plants overexpressing aluminium-induced mitochondrial manganese superoxide dismutase cDNA are resistant to aluminium[J]. Plant, Cell and Environment, 2001, 24(12): 1278-1269.

[4] SHAHNAZ G, SHEKOOFEH E, KOUROSH D, et al. Interactive effects of silicon and aluminum on the malondialdehyde (MDA), proline, protein and phenolic compounds in

Borago officinalis L.[J]. Journal of Medicinal Plants Research, 2011, 5(24): 5818-5827.

[5] LIU Q, YANG J, HE L, et al. Effect of aluminum on cell wall, plasma membrane, antioxidants and root elongation in triticale [J]. Biologia Plantarum, 2008, 52(1): 87-92.

[6] PASSARDI F, PENEL C, DUNAND C. Performing the paradoxical: how plant peroxidases modify the cell wall [J]. Trends in Plant Science, 2004, 9(11): 534-540.

[7] ŠIMONOVIČOVÁ M, HUTTOVÁ J, MISTRIK I, et al. Root growth inhibition by aluminum is probably caused by cell death due to peroxidase-mediated hydrogen peroxide production [J]. Protoplasma, 2004, 224(1): 91-98.

[8] MOHAN M A V, JENA S, PANDA K K, et al. Aluminium induced oxidative stress and DNA damage in root cells of *Allium cepa* L. [J]. Ecotoxicology and Environmental Safety, 2008, 70(2): 300-310.

[9] KUO M, KAO C. Aluminum effects on lipid peroxidation and antioxidative enzyme activities in rice leaves [J]. Biologia Plantarum, 2003, 46(1): 149-152.

[10] JAIN M, MATHUR G, KOUL S, et al. Ameliorative effects of proline on salt stress-induced lipid peroxidation in cell lines of groundnut (*Arachis hypogaea* L.)[J]. Plant Cell Reports, 2001, 20(5): 463-468.

[11] 钱庆, 毕玉芬, 朱栋斌. 利用野生苜蓿资源进行耐酸铝研究的前景 [J]. 中国农学通报, 2006, 22(4): 248-251.

第 4 章

酸性条件下铝胁迫对鸭茅养分吸收的影响及外源硅对铝累积的影响

4.1 酸性条件下铝胁迫对鸭茅养分吸收的影响

铝毒是酸性土壤中制约植物生长的主要限制因素[1]。Al^{3+}对植物胁迫作用最开始和最显著的特征是抑制植物根系的伸长[2-4]。尽管一些研究表明根尖[5,6]或根系表层[7]是植物遭受Al^{3+}毒害后，抑制植物根系生长的主要起因，但是有关Al^{3+}毒害的机理仍然没有系统阐明[8]。了解植物抵抗铝毒营养方面的机理，对提高植物产量、培育高产的耐铝品种具有极其重要的意义。

本章节对铝胁迫条件下不同鸭茅品种地下部根系、地上部茎叶吸收-积累铝和矿物养分进行了研究，旨在探讨鸭茅根系和茎叶吸收-累积铝和矿物养分对铝胁迫的响应机理。

4.1.1 材料与方法

4.1.1.1 供试材料及培养条件

供试鸭茅4个品种分别是：安巴、牧友、宝兴和德纳塔。种子经由2%次氯酸钠溶液比表面消毒，蒸馏水冲洗数次后，放置在铺有吸水滤纸的种子发芽盘（19 cm×13 cm×9 cm，型号L3190089）内进行萌发7 d（25 ℃），待胚根长到3 cm左右时，挑选整齐一致的幼苗移入装有500 mL Hoagland营养液的烧杯中，置于光照培养箱（Sanyo-MLR-351H型，温度误差范围±0.3 ℃）内进行培养。Hoagland营养液的组成同第2章（表2-2）。

培养条件为：光照强度12 000 lx，25 ℃ 10 h光照，20 ℃ 14 h黑暗，相对湿度70%±2%；每3 d更换一次营养液，培养期间每天定时通气10 h（用电动气泵），培养液用水为去离子水。预培养14 d的植株进行不同Al^{3+}处理。

4.1.1.2 试验设计

利用水培试验（Hoagland 营养液），将预培养 14 d 的植株分别放入装有不同浓度 Al^{3+} 处理液的烧杯（500 mL）中。在烧杯外壁做好液面标记。Al^{3+}（$AlCl_3$）浓度设为 5 个水平，见表 4-1。用 0.1 mol/L 的稀 HCl、0.1 mol/L NaOH 和 pH 计（赛多利斯，PB-10）将处理液 pH 调整为 4.5。每个品种每个处理重复 3 次。铝处理共 15 d，在处理期间依据事先做好的液面标记，及时补充每个处理每个重复的水分蒸发，以 pH4.5 的去离子水进行补充[9]，在铝处理期间处理液不进行更换。

表 4-1 铝胁迫的处理水平

编号	名称	处理
1	0（CK）	0 μM Al（CK）
2	10Al	10 μM Al^{3+}
3	30Al	30 μM Al^{3+}
4	50Al	50 μM Al^{3+}
5	100Al	100 μM Al^{3+}

4.1.1.3 测定指标

试验结束后，收获植株，将地上部茎叶和根系分开，用去离子水洗净，60 ℃干燥 2 d、至恒重时称重。样品粉碎之后，称取一定重量地上部茎叶和地下根系样品粉末进行 Ca、Mg、K、P、S、Fe、Cu、Mn、Mo 等元素的测定。

测定元素所用的试剂均为优级纯试剂，试剂的配置和样品提取液的定容均用超纯水，由 Milli-Q 仪器（18.2 MΩ/cm, Millipore, Billerica, MA, USA）制备。所有玻璃和塑料管及仪器的校正按照 Kula 等的方法。分别称取各个品种各个处理干燥和粉碎好的根系样品粉末约 0.2 g 和叶片粉末 0.5 g，放入四氟乙烯管内，加入 5 mL 浓硝酸（69% HNO_3）和 1 mL 30% H_2O_2 后，将其放入高压微波消煮仪（type-MARS Xpress, CEM Co. Ltd., USA）内进行消化。消煮之后，将每个特氟龙管子（Teflon）的压力仔细释放后，将消化完剩下的溶液少量多次地转移到 25 mL 的容量瓶中，用超纯水稀释和定容。用等离子发射光谱仪（ICP-OES, model optima 5300DV, Perkin Elmer, USA）对样品提取液中的 Ca、Mg、K、P、S、Fe、Cu、Mn、Mo 等元素进行测定。每个处理进行 3 次消化试验。为了检验消煮方法的准确性，采用 GBW-10016 标准茶叶粉作为标准物质。微波消煮的程序见表4-2，ICP-OES工作参数见表4-3。

表4-2 微波消煮程序

步骤	功率（W）	RAMP（min）	控制温度（℃）	持续时间（min）
1	1 200	6	120	5
2	1 200	8	150	5
3	1 200	5	185	15
4（冷却阶段）	0	25	—	25

表4-3 等离子发射光谱仪测定元素所设定参数

波长	Ca:315.887; Mg:279.077; K:766.490; S:181.975; Na: 589.592; P:214.914	Zn:206.200; Mn:257.610; Mo: 203.845; Cu:324.752; Fe:238.204
等离子体观测方向	Axial; radial	双向观测
频率	40.68 MHz	
发生器功率	1.3 kW	1 300 W
冷却气	Ar, 15.00 L/min	
辅助气	Ar, 0.2 L/min	
雾化气	Ar, 0.8 L/min	
雾化气压	2.4 bar	
进样流量	1.5 mL/min	
观测高度	11 mm	15 mm

4.1.1.4 统计分析

利用SPSS 20.0.统计软件中One-way ANOVA程序进行单因素方差分析，General linear model中的Univariate和Multivariate程序进行多因素方差分析，多重比较采用Duncan's法对平均值进行显著性检验（$P = 0.05$）。采用SigmaPlot 10.0软件作图。

4.1.2 结果与分析

4.1.2.1 铝处理对鸭茅地上部茎叶和地下部根系营养元素吸收和转运的影响

（1）铝胁迫对根系中营养元素吸收和转运的影响

从表4-4和图4-1、图4-2得出，铝处理对鸭茅根系中Ca等大量元素和Fe等微量元素含量均产生了极其显著的影响（$P < 0.01$）。根系中各元素含量显著地随着Al^{3+}浓度的增加而呈逐渐降低的趋势。低浓度Al^{3+}处理（10 μM Al^{3+}）就能引起根系中Ca等大量元素和Fe等微量元素含量的减少。10 μM Al^{3+}处理时，Ca、K、Mg、P、S、Fe、Cu、Mn和Zn分别比对照（0 μM Al^{3+}）减少了21.0%、6.5%、3.5%、11.2%、13.7%、19.6%、17.9%、16.7%和20.0%。在高浓度Al^{3+}（100 μM Al^{3+}）处理液生长中的鸭茅植株茎叶和根系中大量元素含量和微量元素含量均最低，Ca、K、Mg、P、S、Fe、Cu、Mn和Zn分别比对照（0 μM Al^{3+}）减少了51.9%、29.4%、28.7%、26.7%、25.6%、54.3%、63.2%、47.8%和46.4%。

（2）铝胁迫对茎叶中营养元素吸收和转运的影响

从表4-4和图4-1、图4-2得出，铝处理对鸭茅茎叶中大量元素和微量元素含量也产生极其显著的影响（$P < 0.01$）。茎叶中大量和微量元素含量随着Al^{3+}浓度的增加而呈明显的下降趋势（$P < 0.05$）。从较低浓度（10 μM）Al^{3+}处理时，鸭茅茎叶中大量和微量元素含量就开始显著低于对照处理（$P < 0.05$），Ca、K、Mg、P、S、Fe、Cu、Mn和Zn含量分别比对照降低了9.4%、7.3%、10.1%、7.5%、6.9%、13.3%、10.0%、16.4%和14.6%（$P < 0.05$）。随着Al^{3+}浓度的加深，茎叶中Ca等大量元素和Fe等微量元素随之减少，在100 μM Al^{3+}时达到最低，Ca、K、Mg、P、S、Fe、Cu、Mn和Zn含量分别比对照降低了27.7%、28.7%、29.0%、22.1%、29.9%、38.8%、29.2%、46.6%和40.9%（$P < 0.05$）。

表4-4 根系中营养元素的方差分析结果

来源	因变量	根系中营养元素		茎叶中营养元素	
		F值	P值	F值	P值
校正模型	Ca	598.887	0.000	4.041	0.000
	K	3 239.356	0.000	30.936	0.000

续表

来源	因变量	根系中营养元素		茎叶中营养元素	
		F 值	P 值	F 值	P 值
校正模型	Mg	1 030.778	0.000	13.628	0.000
	P	20 225.940	0.000	266.861	0.000
	S	154.435	0.000	89.734	0.000
	Fe	1 300.987	0.000	54.449	0.000
	Cu	446.943	0.000	37.954	0.000
	Mn	385.997	0.000	110.118	0.000
	Zn	445.554	0.000	265.127	0.000
品种	Ca	418.251	0.000	4.672	0.007
	K	13 820.254	0.000	33.629	0.000
	Mg	4 406.064	0.000	2.596	0.066
	P	37 780.143	0.000	760.464	0.000
	S	233.290	0.000	247.932	0.000
	Fe	754.439	0.000	1.402	0.256
	Cu	234.628	0.000	40.021	0.000
	Mn	1 009.927	0.000	148.189	0.000
	Zn	1 425.357	0.000	526.443	0.000
铝处理	Ca	2 184.178	0.000	14.615	0.000
	K	4 372.033	0.000	119.527	0.000
	Mg	1 330.512	0.000	59.197	0.000
	P	58 590.264	0.000	632.709	0.000
	S	468.880	0.000	231.814	0.000
	Fe	5 045.362	0.000	227.598	0.000
	Cu	1 777.534	0.000	138.987	0.000
	Mn	846.299	0.000	343.577	0.000
	Zn	860.506	0.000	719.018	0.000

续表

来源	因变量	根系中营养元素		茎叶中营养元素	
		F 值	P 值	F 值	P 值
品种 × 铝处理	Ca	115.616	0.000	0.358	0.971
	K	216.573	0.000	0.733	0.711
	Mg	87.045	0.000	1.197	0.319
	P	3 049.282	0.000	21.511	0.000
	S	29.907	0.000	2.824	0.007
	Fe	189.499	0.000	9.995	0.000
	Cu	56.491	0.000	3.759	0.001
	Mn	76.581	0.000	22.781	0.000
	Zn	62.286	0.000	48.502	0.000

（3）根系和茎叶营养元素含量变化的差异

根系中和茎叶中各元素对铝胁迫的响应不一致。从图 4-1 和图 4-2 中可以看出，根系中不同元素对铝胁迫的响应不太一样，根系中 Ca、P、Fe、Cu、Mn 和 Zn 下降比较迅速，其余较为缓慢，尤其是 Mg。茎叶中 K、P、S、Fe、Cu、Zn 下降比较迅速，其他元素下降较缓慢，尤其是茎叶中 Mg 含量，随着 Al^{3+} 浓度的增加下降很缓慢，其次是 Ca 和 Mn。同一元素根系和茎叶中对 Al^{3+} 处理的反应也不尽相同。大量元素中，Ca、P、S 根系中含量的变化要大于茎叶中的变化，Mg 元素正好相反，而 K 元素根系和茎叶的变化比较相似；且 Ca、K、Mg 根系中含量整体上要低于茎叶中对应元素的含量，而 P 和 S 正好相反。微量元素中，除 Mn 以外，其他元素均在根系中要比茎叶中含量高。低浓度铝处理下，根系中 Mn 含量高于茎叶中含量，30 μM Al^{3+} 以后，发生转变，表现为根系中含量低于茎叶中含量。以上表明，Al^{3+} 处理对鸭茅根系和茎叶中大量和微量元素的吸收转运产生了显著的影响，且 Al^{3+} 浓度越高，养分含量降低越多，这可能是由于铝胁迫条件下根系和茎叶生长受到抑制而引起的。

第4章 | 酸性条件下铝胁迫对鸭茅养分吸收的影响及外源硅对铝累积的影响

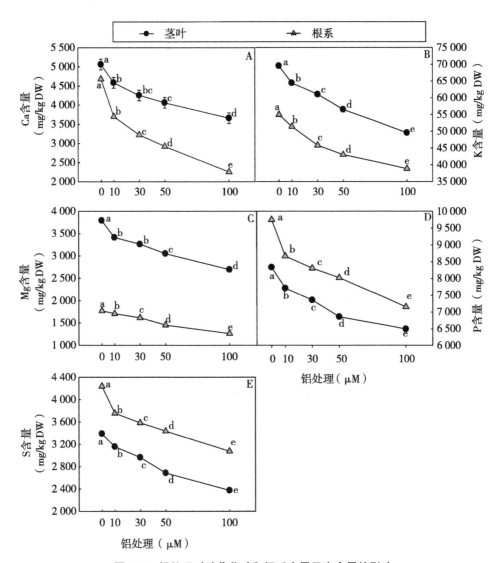

图 4-1 铝处理对鸭茅茎叶和根系大量元素含量的影响

注：不同小写字母表示不同铝处理下茎叶和根系中某一特定营养元素含量差异显著（$P < 0.05$，Duncan's 多重比较法）。茎叶和根系中大量元素是分别进行独立统计分析的。

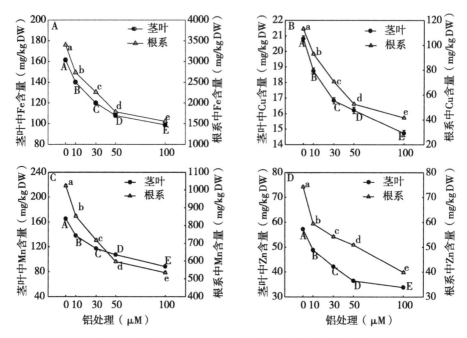

图4-2 铝处理对鸭茅茎叶和根系微量元素含量的影响

注：不同小写字母表示不同铝处理下茎叶和根系中某一特定微量元素含量差异显著（$P < 0.05$，Duncan's多重比较法）。茎叶和根系中微量元素是分别进行独立统计分析的。

4.1.2.2 铝胁迫下不同品种间养分吸收和转运的差异

（1）大量元素

从表4-5和表4-6可知，经过一定时间Al^{3+}处理后，根系中大量元素含量品种间存在显著差异（$P < 0.05$）；其中，除Ca、S元素外，其余大量元素均为安巴根系中的含量显著高于其他品种（$P < 0.05$），而德纳塔根系中Ca含量高于安巴（$P < 0.05$），S元素含量与安巴根系中S含量差异不显著（$P > 0.05$）；而除K元素以外，牧友根系中其他大量元素含量均显著低于其他3个品种（$P < 0.05$）；以根系中Ca含量为例，牧友分别比德纳塔、安巴、宝兴低780.9 mg/kg、720.3 mg/kg和547.5 mg/kg；而根系中K含量，则是宝兴中最低，显著低于其他品种（$P < 0.05$），分别比德纳塔、安巴、牧友低18 197.1 mg/kg、20 969.0 mg/kg和4 353.9 mg/kg。茎叶中大量元素除Mg含量外，其余元素品种间存在显著差异（$P < 0.05$），且不同于根系中Mg的变化；Ca和Mg含量品种间的差异比较一致，均为安巴含量最低，而其余3个品种间差异不显著（$P > 0.05$）；以Ca元素为例，安巴茎叶中含量分别比德纳塔、宝兴和牧友低

552.9 mg/kg、498.0 mg/kg 和 555.0 mg/kg（$P < 0.05$）；而茎叶中 K 含量，安巴最高，其次是牧友，含量最低的为德纳塔和宝兴；茎叶 P 含量宝兴中最高，其次是德纳塔和安巴，最低的是牧友；而茎叶中 S 含量则是德纳塔 > 安巴 > 牧友 > 宝兴。

经过一定时间不同浓度的 Al^{3+} 处理后，同一元素根系和茎叶中的差异也不同。其中，根系和茎叶中差异相似的是 K 和 S 元素，存在此消彼长关系的是 Mg 元素，其余元素品种根系间差异与茎叶中差异不同。并且 Ca、Mg、K 含量均是茎叶中含量大于根系中的含量；而 P、S 正好相反。

（2）微量元素

从表 4-5 和表 4-7 可知，经过一定时间不同浓度 Al^{3+} 处理后，根系中微量元素含量不同品种间存在显著差异（$P < 0.05$）。其中，除 Cu 元素以外，其余微量元素均为宝兴根系中含量显著高于其他品种（$P < 0.05$），德纳塔根系中 Cu 含量高于宝兴（$P < 0.05$）；以 Fe 元素为例，宝兴根系中 Fe 含量最高，分别比德纳塔、安巴和牧友高 11.3%、31.1% 和 12.7%（$P < 0.05$）；而根系中 Fe 含量最低的品种是安巴，分别比德纳塔、宝兴、牧友低 15.1%、23.7% 和 14.1%（$P < 0.05$）；根系中 Cu 含量最低的是牧友，分别比德纳塔、安巴、宝兴低 25.9%、23.6% 和 18.7%（$P < 0.05$）；根系中 Mn 含量最低的是德纳塔，分别比安巴、宝兴、牧友低 9.2%、42.4% 和 17.4%（$P < 0.05$）；安巴根系中的 Zn 含量最低，显著低于其他品种（$P < 0.05$）。

茎叶中除 Fe 元素以外，其余微量元素含量各品种间存在显著的差异（$P < 0.05$）。除 Mn 含量以外，宝兴茎叶中其他微量元素含量均比较高，其次是德纳塔。宝兴茎叶中 Zn 含量分别比德纳塔、安巴和牧友高 15.9%、32.0% 和 46.6%（$P < 0.05$）。茎叶中 Cu 含量较高的是宝兴和德纳塔，安巴和宝兴较低。茎叶中 Zn 含量最高的是宝兴，其次是德纳塔和安巴，最低的是牧友；茎叶中 Mn 含量，不同于其他微量元素，最高的是牧友，其次是宝兴和安巴，最低的是德纳塔。

总之，除茎叶中 Fe 含量以外，其余根系和茎叶中元素品种间含量差异显著。根系中除 Ca、S 元素外，其余大量元素均是安巴显著高于其他品种；而德纳塔根系中 Ca 含量高于安巴（$P < 0.05$），其根系中 S 含量与安巴差异不显著（$P > 0.05$）。除 K 以外，安巴茎叶中其余大量元素均低于其他品种。除 K、S 以外，宝兴茎叶中其他大量元素均比其他品种高。茎叶中微量元素品种间差异要小于根系中的差异。

表 4-5 不同 Al^{3+} 处理后根系和茎叶中营养元素含量品种间的差异

大量元素	品种	含量（mg/kg DW） 根系	含量（mg/kg DW） 茎叶	微量元素	品种	含量（mg/kg DW） 根系	含量（mg/kg DW） 茎叶
Ca	德纳塔	3 625.76^a	4 475.74^A	Fe	德纳塔	2 374.66^b	127.95^A
	安巴	3 565.24^b	3 922.87^B		安巴	2 016.42^d	124.47^A
	宝兴	3 392.36^c	4 420.87^A		宝兴	2 643.78^a	123.96^A
	牧友	2 844.90^d	4 477.90^A		牧友	2 346.07^c	125.58^A
Mg	德纳塔	1 575.08^b	3 261.01^{AB}	Cu	德纳塔	81.89^a	18.45^A
	安巴	2 018.98^a	3 129.20^B		安巴	79.48^b	16.46^B
	宝兴	1 417.65^c	3 292.33^A		宝兴	74.67^c	18.44^A
	牧友	1 234.97^d	3 286.88^A		牧友	60.71^d	16.51^B
P	德纳塔	8 311.19^c	7 491.35^B	Mn	德纳塔	590.05^d	105.73^D
	安巴	9 150.24^a	7 526.68^B		安巴	649.72^c	111.97^C
	宝兴	8 571.76^b	8 033.32^A		宝兴	1 024.05^a	131.25^B
	牧友	7 504.04^d	6 359.94^C		牧友	714.69^b	143.35^A
K	德纳塔	54 149.01^b	56 929.09^C	Zn	德纳塔	48.62^b	45.63^B
	安巴	56 920.95^a	64 213.45^A		安巴	47.36^c	40.06^C
	宝兴	35 951.94^d	57 408.53^C		宝兴	77.42^a	52.89^A
	牧友	40 305.81^c	62 357.58^B		牧友	49.38^b	36.09^D
S	德纳塔	3 838.62^a	3 394.85^A				
	安巴	3 851.76^a	3 004.01^B				
	宝兴	3 473.23^b	2 595.73^D				
	牧友	3 310.96^c	2 664.04^C				

注：不同小写字母表示品种间根系中某一特定元素含量差异显著，不同大写字母表示品种间茎叶中某一特定元素差异显著（$P < 0.05$，Duncn's 多重比较法）。茎叶和根系中营养元素是分别进行独立统计分析的。

4.1.2.3 鸭茅根系营养元素吸收和转运对铝胁迫的响应

（1）大量元素

经过一定时间的 Al^{3+} 处理后，各品种根系中 Ca 含量均较对照处理差异显著（$P < 0.05$）。各品种均在较低浓度（10 μM Al^{3+}）处理时，就开始出现显

著的受抑症状，并随着 Al^{3+} 浓度的继续增加，而表现出更加严重的受抑症状，这势必会引起植株体内 Ca 的缺乏。不同品种间存在差异，德纳塔和牧友根系中 Ca 含量随 Al^{3+} 浓度增加降低的速度要比安巴和宝兴快，安巴和宝兴根系中 Ca 含量分别在 30 μM Al^{3+} 和 50 μM Al^{3+} 处理间差异不显著（$P > 0.05$）。对照处理时，安巴根系 Ca 含量低于其余品种，加之其对铝处理的响应没有其他品种那么剧烈，这说明铝胁迫对安巴根系吸收 Ca 影响较小。

K 含量对不同浓度的铝胁迫也产生了积极的响应。不同品种根系吸收 K 对铝胁迫的响应模式不同。虽然各品种均在 10 μM Al^{3+} 时，与对照处理差异显著，但是宝兴反应比较缓慢，30 μM Al^{3+} 处理与 10 μM Al^{3+} 处理差异不显著（$P > 0.05$），到 50 μM Al^{3+} 处理时，才比 10 μM Al^{3+} 处理时的 K 含量明显降低。其他品种在 30 μM Al^{3+} 处理时，就明显低于 10 μM Al^{3+} 的 K 含量。

不同品种根系中 Mg 含量对铝胁迫的响应不同。其中，安巴在 30 μM Al^{3+} 处理时，开始与对照处理差异显著（$P < 0.05$），较对照减少了 15.4%，且 50 μM Al^{3+} 处理下的 Mg 含量与 30 μM Al^{3+} 差异不显著（$P > 0.05$），100 μM Al^{3+} 处理才与 30 μM Al^{3+} 处理差异显著（$P < 0.05$）。而其他 3 个品种则是在 10 μM Al^{3+} 处理时，开始与对照处理差异显著（$P < 0.05$），这说明安巴根系吸收 Mg 对铝胁迫的响应较其他品种弱。

各品种根系中 P 元素均随着 Al^{3+} 浓度的增加而呈显著的下降趋势。且在各 Al^{3+} 处理下，均是安巴根系中 P 含量最高。根系吸收 S 对铝胁迫的响应较其他大量元素缓慢，且不同品种的响应模式不同。安巴根系中 S 元素含量在高浓度铝胁迫（100 μM Al^{3+}）时，才与对照处理差异显著（$P < 0.05$），较对照减少了 24.2%，这说明安巴根系吸收 S 只有在高浓度铝胁迫时才表现出显著响应。而其他 3 个品种对 Al^{3+} 的响应要早于安巴，在 10 μM Al^{3+} 处理时，就开始明显低于对照处理（$P < 0.05$）。但是德纳塔又要比宝兴和牧友缓慢，德纳塔根系 S 含量在 30 μM Al^{3+} 和 50 μM Al^{3+} 处理差异不显著（$P > 0.05$），100 μM Al^{3+} 才和 30 μM Al^{3+} 差异显著（$P < 0.05$），这表明德纳塔根系吸收 S 对铝胁迫的响应要晚于宝兴和牧友。

综上所述，Al^{3+} 处理对各品种根系吸收大量元素产生了不同程度的抑制影响，且随着 Al^{3+} 浓度的增加，抑制程度加深。不同品种吸收大量营养元素对铝胁迫的响应浓度不同，安巴根系吸收 Mg 和 S 分别在较高浓度 30 μM 和 100 μM 铝胁迫下，才表现出显著的响应，与其他品种相比，安巴响应较为迟缓。

表4-6 不同铝处理对4个鸭茅品种根系中大量元素含量的影响

品种	铝处理（μM）				
	0（CK）	10	30	50	100
	Ca（mg/kg DW）315.887 nm				
德纳塔	4 797.00±3.10^{Ba}	4 148.30±10.78^{Ab}	3 813.29±1.84^{Ac}	3 225.53±1.40^{Bd}	2 144.70±0.44^{Be}
安巴	4 313.70±226.27^{Ca}	3 918.27±69.52^{Bb}	3 592.87±2.73^{Bc}	3 390.70±111.98^{Ac}	2 610.67±59.24^{Ad}
宝兴	5 508.39±2.32^{Aa}	3 916.73±43.04^{Bb}	2 727.13±1.70^{Dc}	2 697.80±49.04^{Cc}	2 111.74±80.08^{Bd}
牧友	4 114.33±65.57^{Ca}	2 824.60±0.56^{Cb}	2 751.07±1.50^{Cc}	2 384.07±16.53^{Dd}	2 150.43±56.26^{Be}
	K（mg/kg DW）766.490 nm				
德纳塔	60 406.4±776.7^{Ba}	58 428.9±1 200.0^{Bb}	54 120.3±62.8^{Bc}	51 580.3±217.5^{Bd}	46 209.2±36.7^{Be}
安巴	65 250.6±2.3^{Aa}	61 120.7±2.8^{Ab}	55 691.9±5.5^{Ac}	52 220.4±3.3^{Ad}	50 321.1±4.6^{Ae}
宝兴	41 518.3±2.6^{Da}	37 581.7±71.9^{Db}	37 392.7±170.4^{Cb}	32 453.9±308.6^{Dc}	30 813.1±250.7^{Cd}
牧友	52 790.2±5.8^{Ca}	48 570.4±1.9^{Cb}	36 220.3±4.1^{Dc}	35 901.1±4.7^{Cd}	28 047.1±15.9^{De}
	Mg（mg/kg DW）279.077 nm				
德纳塔	1 879.40±0.80^{Ba}	1 769.20±1.25^{Bb}	1 675.40±4.42^{Bc}	1 439.63±1.65^{Bd}	1 111.78±59.37^{Ce}
安巴	2 186.40±11.79^{Aa}	2 139.37±1.00^{Aa}	1 978.57±17.45^{Ab}	2 001.97±4.42^{Ab}	1 788.60±59.68^{Ac}
宝兴	1 549.53±0.95^{Ca}	1 509.35±0.77^{Cb}	1 406.90±5.29^{Cc}	1 377.53±1.06^{Cd}	1 244.96±3.50^{Be}
牧友	1 468.90±1.15^{Da}	1 415.57±2.50^{Db}	1 396.77±1.80^{Cc}	987.13±1.91^{Dd}	906.47±3.42^{De}
	P（mg/kg DW）214.914 nm				
德纳塔	10 450.53±1.96^{Ba}	8 646.37±1.15^{Cb}	7 980.48±8.05^{Cc}	7 321.31±1.38^{Dd}	7 157.26±0.85^{Be}
安巴	10 479.13±3.20^{Aa}	9 211.70±0.66^{Ab}	8 861.02±4.30^{Ac}	8 765.84±9.56^{Ad}	8 433.49±3.25^{Ae}
宝兴	9 735.75±0.87^{Ca}	8 968.41±1.31^{Bb}	8 660.37±4.85^{Bc}	8 498.54±1.20^{Bd}	6 995.72±2.95^{Ce}
牧友	8 376.58±0.95^{Da}	7 852.36±1.62^{Db}	7 738.42±1.91^{Dc}	7 527.29±2.75^{Cd}	6 025.54±0.75^{De}
	S（mg/kg DW）181.975 nm				
德纳塔	4 888.53±0.55^{Aa}	3 949.32±94.09^{Ab}	3 559.90±46.92^{Bc}	3 549.28±0.38^{Bc}	3 246.05±4.90^{Ad}
安巴	4 158.23±67.17^{Ba}	3 999.94±4.19^{Aa}	3 973.50±101.07^{Aa}	3 974.21±60.22^{Aa}	3 152.93±41.09^{Bb}
宝兴	4 007.53±0.73^{Ca}	3 574.31±0.47^{Bb}	3 530.48±1.14^{Bc}	3 211.19±0.81^{Cd}	3 042.64±0.52^{Ce}
牧友	3 897.23±0.62^{Da}	3 504.63±4.31^{Bb}	3 279.10±0.49^{Cc}	3 015.67±7.75^{Dd}	2 858.15±2.83^{De}

注：同列不同大写字母表示同一铝处理下品种间某一元素含量的差异显著，同行不同小写字母表示同一品种不同铝处理下某一元素含量的差异显著，$P<0.05$，采用Duncan多重比较法。

(2) 微量元素

经过一定时间的不同浓度 Al^{3+} 处理后,各品种根系中微量元素含量均比对照处理差异显著 ($P<0.05$)。各品种根系中 Fe 含量均在 10 μM Al^{3+} 处理时,就较对照显著降低,德纳塔、安巴、宝兴和牧友分别比对照降低了 19.0%、16.7%、20.7% 和 21.5% ($P<0.05$);并在 100 μM Al^{3+} 时降到最低,分别比对照下降了 67.5%、53.4%、41.5% 和 53.1% ($P<0.05$)。在不同浓度 Al^{3+} 处理下,安巴根系中 Fe 含量要比其他品种低。在较高浓度 (30~100 μM) 处理下,宝兴根系中 Fe 含量要高于其他品种。

根系吸收 Cu 对铝胁迫也表现出显著的响应。不同品种对铝胁迫的响应不同,其中,宝兴出现抑制反应的浓度要晚于其他品种,在 30 μM 时,显著低于对照处理,较对照减少了 38.2% ($P<0.05$)。而德纳塔、安巴和牧友出现明显响应的浓度较早,10 μM Al^{3+} 处理时,开始与对照差异显著,分别较对照处理减少了 7.9%、27.2% 和 30.9% ($P<0.05$)。这表明宝兴根系吸收 Cu 对铝胁迫的响应较其他品种出现迟缓。

不同品种根系中 Mn 含量均随着 Al^{3+} 浓度增加呈明显下降趋势 ($P<0.05$),均在 10 μM Al^{3+} 处理时,就开始出现显著的受抑现象。10 μM Al^{3+} 处理时,德纳塔、安巴、宝兴和牧友分别比对照下降了 22.8%、7.5%、24.3% 和 5.2% ($P<0.05$)。并在 100 μM Al^{3+} 处理时,降到最低,德纳塔、安巴、宝兴和牧友分别较对照下降了 49.8%、38.3%、59.6% 和 33.4% ($P<0.05$),接近是对照处理的一半左右。表明高浓度铝胁迫下,鸭茅根系吸收 Mn 的响应较低浓度胁迫更加强烈。

各鸭茅品种根系中 Zn 含量对铝胁迫的响应也不尽相同。虽然,德纳塔、安巴、宝兴和牧友均是在 10 μM Al^{3+} 处理时,就开始明显低于对照处理,分别较对照减少了 21.4%、11.8%、26.7% 和 14.1% ($P<0.05$),但是安巴 30 μM Al^{3+} 与 10 μM Al^{3+} 处理差异不显著 ($P>0.05$),50 μM Al^{3+} 处理时,才与 10 μM Al^{3+} 差异显著 ($P<0.05$)。而其余 3 个品种 30 μM Al^{3+} 就与 10 μM Al^{3+} 处理差异显著 ($P<0.05$)。

综上所述,根系吸收微量元素对不同浓度铝胁迫做出了一定程度的响应。随着铝胁迫程度的加重而根系中微量元素含量呈显著降低趋势。高浓度 Al^{3+} 处理下,宝兴根系中各微量元素均比较高,且低浓度 Al^{3+} 处理 (10 μM) 对宝兴根系中 Cu 含量影响不显著 ($P>0.05$),说明宝兴根系吸收 Cu 在较高浓度的铝胁迫下才表现出显著响应。

表 4-7　不同铝处理对 4 个鸭茅品种根系中微量元素含量的影响

品种	铝处理（μM）				
	0（CK）	10	30	50	100
	Fe（mg/kg DW）238.204 nm				
德纳塔	3 903.92±76.38^{Aa}	3 162.04±90.48^{Ab}	1 969.38±0.95^{Cc}	1 569.44±0.95^{Cd}	1 268.51±1.91^{De}
安巴	2 848.21±2.17^{Da}	2 373.37±2.17^{Db}	1 962.22±1.79^{Dc}	1 569.97±1.05^{Cd}	1 328.37±1.10^{Ce}
宝兴	3 512.52±40.64^{Ba}	2 784.07±101.42^{Bb}	2 586.13±1.63^{Ac}	2 281.76±14.54^{Ad}	2 054.42±7.52^{Ae}
牧友	3 325.43±0.74^{Ca}	2 609.23±0.97^{Cb}	2 525.13±1.31^{Bc}	1 709.37±0.91^{Bd}	1 561.17±2.55^{Be}
	Cu（mg/kg DW）324.752 nm				
德纳塔	111.52±1.05^{Ba}	102.70±2.55^{Ab}	95.85±1.83^{Ac}	54.26±1.20^{Bd}	45.13±2.71^{Ae}
安巴	135.26±2.71^{Aa}	98.52±0.60^{Ab}	62.28±2.44^{BCc}	54.92±2.54^{Bd}	46.40±0.98^{Ae}
宝兴	103.31±6.49^{Ca}	99.37±3.86^{Aa}	63.83±0.65^{Bb}	60.04±1.75^{Ab}	46.82±1.32^{Ac}
牧友	102.42±1.53^{Ca}	70.82±0.43^{Bb}	60.56±0.77^{Cc}	41.64±0.84^{Cd}	28.12±2.81^{Be}
	Mn（mg/kg DW）257.610 nm				
德纳塔	880.33±1.90^{Ba}	679.37±1.01^{Cb}	481.30±6.07^{Dc}	467.67±1.37^{Dd}	441.60±8.12^{De}
安巴	819.00±12.77^{Da}	757.47±0.65^{BCb}	636.27±1.21^{Cc}	530.23±1.76^{Cd}	505.63±2.91^{Ce}
宝兴	1 545.27±0.83^{Aa}	1 169.30±98.75^{Ab}	1 021.13±16.87^{Ac}	759.83±16.16^{Ad}	624.73±7.95^{Ae}
牧友	847.83±13.39^{Ca}	803.47±0.70^{Bb}	730.63±1.80^{Bc}	626.60±2.15^{Bd}	564.90±15.60^{Be}
	Zn（mg/kg DW）206.200 nm				
德纳塔	64.22±1.64^{Ba}	50.48±1.21^{Cb}	45.58±0.66^{Cc}	43.31±0.45^{Dd}	39.50±0.56^{Be}
安巴	58.18±2.03^{Ca}	51.31±1.04^{Cb}	48.74±0.24^{Bb}	45.44±0.60^{Cc}	33.11±3.04^{Cd}
宝兴	112.00±3.56^{Aa}	82.08±1.47^{Ab}	72.20±1.59^{Ac}	66.45±1.01^{Ad}	54.35±0.96^{Ae}
牧友	62.48±1.43^{BCa}	53.70±1.05^{Bb}	50.23±0.56^{Bc}	48.26±1.20^{Bd}	32.23±0.40^{Ce}

注：同列不同大写字母表示同一铝处理下品种间某一元素含量的差异显著，同行不同小写字母表示同一品种不同铝处理下某一元素含量的差异显著，$P<0.05$，采用 Duncan 多重比较法。

4.1.2.4　鸭茅茎叶吸收和转运养分对铝胁迫的响应

除 Ca、K、Mg 元素以外，品种×铝处理对各鸭茅品种茎叶中其余元素的交互作用显著（$P<0.05$）。

（1）大量元素

不同浓度 Al^{3+} 处理对德纳塔茎叶中 Ca 含量差异不显著（$P>0.05$），安

第4章 酸性条件下铝胁迫对鸭茅养分吸收的影响及外源硅对铝累积的影响

巴茎叶中 Ca 含量仅在 100 μM Al^{3+} 处理时，才表现出不同于对照处理的差别，较对照处理减少了 27.8%（$P < 0.05$）；牧友也是在 50 μM Al^{3+} 处理时，才与对照处理差异显著，较对照减少了 15.2%（$P < 0.05$）；而宝兴是 4 个品种较为敏感的一个，在 10 μM Al^{3+} 时就开始表现出显著不同于对照的差异，比对照减少了 12.9%（$P < 0.05$）；30 μM 和更高浓度的 Al^{3+} 处理，品种间 Ca 含量差异不显著（$P > 0.05$）。这表明，茎叶 Ca 的吸收对铝胁迫的响应不敏感，且品种间存在差异。德纳塔茎叶吸收和转运不受铝胁迫的影响。安巴茎叶 Ca 含量在高浓度（100 μM）铝胁迫时，才表现出显著的响应；牧友在较高浓度（50 μM）铝胁迫时，才开始表现出明显的响应；宝兴茎叶吸收 Ca 对铝胁迫的响应最早，在较低浓度（10 μM）处理时就开始有响应。

经过 15 d Al^{3+} 处理后，各品种茎叶中 K 含量也表现出显著降低的响应，但是品种间响应不太一致。其中，牧友出现显著响应的 Al^{3+} 浓度要晚于其他品种，在 30 μM Al^{3+} 处理才显著不同于对照处理，较对照处理减少了 12.2%（$P < 0.05$）。而其他 3 个品种在 10 μM Al^{3+} 处理时，就与对照处理差异显著（$P < 0.05$），德纳塔、安巴和宝兴分别较对照处理减少了 7.0%、10.7% 和 5.5%。牧友、安巴和宝兴分别在对应的 30 μM Al^{3+} 和 10 μM Al^{3+} 处理之间差异不显著（$P > 0.05$），50 μM Al^{3+} 与 10 μM Al^{3+} 处理差异显著（$P < 0.05$），牧友、安巴和宝兴 50 μM Al^{3+} 处理时分别比 10 μM Al^{3+} 减少了 11.9%、8.7% 和 17.8%（$P < 0.05$）。德纳塔在 30 μM Al^{3+} 处理与 10 μM Al^{3+} 处理差异显著（$P < 0.05$），减少了 5.3%（$P < 0.05$）。不同浓度 Al^{3+} 处理下，安巴茎叶中 K 含量均比其他品种高，其次是牧友。

茎叶中 Mg 含量对铝胁迫产生了显著响应。虽然德纳塔茎叶 Mg 含量出现抑制的浓度较晚，在 50 μM Al^{3+} 处理时才显著低于对照处理（$P < 0.05$），比对照减少了 16.7%；且其 100 μM Al^{3+} 处理与 50 μM Al^{3+} 处理差异不显著（$P > 0.05$）。安巴、宝兴和牧友 3 个品种则是在 10 μM Al^{3+} 处理时，与对照处理差异显著（$P < 0.05$），分别较对照减少了 10.3%、8.8% 和 13.5%。牧友中 30 μM、50 μM 和 10 μM Al^{3+} 处理间差异均不显著（$P > 0.05$），到了 100 μM Al^{3+} 处理时，与 10 μM Al^{3+} 处理差异显著（$P < 0.05$），100 μM Al^{3+} 处理下的 Mg 含量比 10 μM Al^{3+} 减少了 19.1%（$P < 0.05$）。宝兴 50 μM Al^{3+} 与 30 μM Al^{3+} 处理差异不显著（$P > 0.05$），100 μM Al^{3+} 才与 30 μM Al^{3+} 处理差异显著（$P < 0.05$）。这表明在茎叶吸收 Mg 方面，德纳塔对铝胁迫的响应浓度较其他品种晚。

不同品种茎叶中 P 含量均随着 Al^{3+} 浓度的增加呈明显下降趋势（$P<0.05$），从 10 μM Al^{3+} 处理时，就出现显著的受抑现象，德纳塔、安巴、宝兴和牧友分别较对照减少了 8.1%、6.5%、7.8% 和 7.6%（$P<0.05$）；牧友 50 μM Al^{3+} 与 30 μM Al^{3+} 处理差异不显著（$P>0.05$），其余品种 50 μM Al^{3+} 与 30 μM Al^{3+} 处理差异显著（$P<0.05$）。

茎叶吸收 S 对不同铝胁迫产生了显著的响应，不同品种响应不同。其中，宝兴在 30 μM Al^{3+} 处理才出现明显不同于对照的抑制症状，较对照减少了 10.6%（$P<0.05$）；而其余 3 个品种均是在 10 μM Al^{3+} 处理时，与对照处理差异显著，德纳塔、安巴和牧友分别较对照减少了 9.0%、8.7% 和 4.0%（$P<0.05$）；安巴中 30 μM Al^{3+} 与 10 μM Al^{3+} 之间、30 μM Al^{3+} 与 50 μM Al^{3+} 处理间差异均不显著（$P>0.05$），50 μM Al^{3+} 处理才与 10 μM Al^{3+} 处理差异显著（$P<0.05$）。这表明，宝兴和安巴较其他品种对铝胁迫的响应不敏感（表 4-8）。

表 4-8 不同铝处理对 4 个鸭茅品种茎叶中大量元素含量的影响

品种	铝处理（μM）				
	0（CK）	10	30	50	100
Ca（mg/kg DW）315.887 nm					
德纳塔	5 284.02±382.62[Aa]	4 610.65±272.62[ABa]	4 191.12±209.42[Aa]	4 343.20±711.95[Aa]	3 949.70±48.85[Aa]
安巴	4 501.72±3.72[Ba]	4 196.16±18.22[Bab]	4 000.62±324.76[Aab]	3 667.08±247.95[Aab]	3 248.76±608.08[Ab]
宝兴	5 428.67±24.52[Aa]	4 729.67±90.22[Ab]	4 385.00±1.15[Ab]	3 957.00±205.86[Ac]	3 604.00±122.58[Ac]
牧友	5 035.00±131.06[ABa]	4 812.33±124.37[Aab]	4 437.50±4.33[Aabc]	4 270.33±370.40[Abc]	3 834.33±37.35[Ac]
K（mg/kg DW）766.490 nm					
德纳塔	65 698.7±153.6[Ca]	61 071.7±224.1[Bb]	57 829.1±573.7[Bc]	54 346.0±1 397.5[ABd]	45 699.9±1 446.4[Be]
安巴	75 187.3±790.2[Aa]	67 143.2±1 101.9[Ab]	64 610.0±219.6[Abc]	61 282.2±2 433.4[Ac]	52 844.6±597.5[Ad]
宝兴	66 235.0±526.4[Ca]	62 568.3±355.7[Bb]	59 255.0±1 434.7[Bb]	51 439.3±1 462.1[Bc]	47 545.0±1 007.5[Bd]
牧友	71 079.0±532.7[Ba]	67 039.1±510.1[Aab]	62 406.5±691.2[Abc]	59 037.6±4 329.5[ABc]	52 225.7±955.0[Ad]
Mg（mg/kg DW）279.077 nm					
德纳塔	3 647.02±7.26[Ba]	3 374.83±25.24[Aab]	3 337.75±4.21[Aab]	3 037.33±68.39[ABb]	2 908.11±367.26[Ab]
安巴	3 816.27±70.80[ABa]	3 424.11±38.15[Ab]	3 104.61±58.87[Ac]	2 890.77±38.66[Bd]	2 410.24±40.93[Ae]
宝兴	3 804.33±67.10[ABa]	3 468.00±34.06[Ab]	3 276.50±41.86[Ac]	3 188.50±43.59[Ac]	2 724.33±28.54[Ad]
牧友	3 907.29±26.76[Aa]	3 379.35±183.52[Ab]	3 329.07±141.93[Ab]	3 083.83±35.56[Abc]	2 734.88±84.53[Ac]

续表

品种	铝处理（μM）				
	0（CK）	10	30	50	100
	P（mg/kg DW）214.914 nm				
德纳塔	8 376.27±31.31^{Ca}	7 698.36±70.53^{Cb}	7 342.37±40.12^{Cc}	7 127.68±18.63^{Bd}	6 912.05±56.04^{Ae}
安巴	8 623.70±37.17^{Ba}	8 062.22±67.70^{Bb}	7 691.69±1.60^{Bc}	6 811.24±49.93^{Cd}	6 444.57±83.29^{Be}
宝兴	9 220.90±43.02^{Aa}	8 504.52±118.45^{Ab}	8 243.81±16.99^{Ac}	7 405.24±88.19^{Ad}	6 792.14±89.16^{Ae}
牧友	7 126.95±38.22^{Da}	6 587.41±47.22^{Db}	6 160.44±44.07^{Dc}	6 093.77±36.03^{Dc}	5 831.15±19.96^{Cd}
	S（mg/kg DW）181.975 nm				
德纳塔	3 975.81±30.73^{Aa}	3 616.13±0.00^{Ab}	3 392.89±32.14^{Ac}	3 077.86±101.04^{Ad}	2 911.57±36.02^{Ae}
安巴	3 443.40±74.53^{Ba}	3 143.40±66.50^{Bb}	3 007.86±42.48^{Bbc}	2 892.14±21.03^{Bc}	2 533.28±65.59^{Bd}
宝兴	3 010.26±101.78^{Ca}	2 859.01±40.54^{Cab}	2 692.31±31.83^{Cb}	2 357.69±32.69^{Cc}	2 059.40±66.48^{Cd}
牧友	3 129.93±37.57^{Ca}	3 005.41±18.72^{BCb}	2 764.50±55.42^{Cc}	2 418.56±24.51^{Cd}	2 001.80±15.71^{Ce}

注：同列不同大写字母表示同一铝处理下品种间某一元素含量的差异显著，同行不同小写字母表示同一品种不同铝处理下某一元素含量的差异显著，$P<0.05$，采用 Duncan 多重比较法。

综上所述，Al^{3+} 处理对各品种茎叶吸收大量元素产生了不同程度的抑制影响，且随着 Al^{3+} 浓度增加呈显著降低趋势。各品种茎叶吸收大量元素对铝胁迫的响应不同。其中，茎叶中 Ca 含量，德纳塔不受铝胁迫影响，安巴和牧友响应较晚，宝兴较为敏感；茎叶中 K 含量，牧友对铝处理的响应较慢，其次是安巴和宝兴，德纳塔比较敏感；茎叶中 Mg 含量，德纳塔在较高浓度（50 μM）才表现出显著的响应，其次是牧友，安巴和宝兴响应最早，在较低浓度（10 μM）；茎叶中 P 含量，各品种对铝胁迫的响应比较一致；茎叶中 S 含量，宝兴和安巴较其他两个品种对铝胁迫的响应不敏感。

（2）微量元素

经过一定时间的不同浓度 Al^{3+} 处理后，各品种茎叶中微量元素含量均比对照处理差异显著（$P<0.05$），但是各品种茎叶中不同微量元素对铝胁迫的响应不同。茎叶中 Fe 含量，德纳塔较其他品种反应慢，在 30 μM Al^{3+} 处理时，才与对照差异显著（$P<0.05$），较对照减少了 17.8%；且其 30 μM、50 μM 和 100 μM Al^{3+} 处理间差异均不显著（$P>0.05$）。在 10～100 μM Al^{3+} 处理下，均是德纳塔茎叶中 Fe 含量最高。而安巴、宝兴和牧友均是在 10 μM

Al^{3+} 处理时，开始与对照处理差异显著（$P < 0.05$），安巴、宝兴和牧友分别较对照减少了 22.1%、18.0% 和 7.0%。德纳塔和安巴中 30 μM Al^{3+} 与 50 μM Al^{3+} 处理差异不显著（$P > 0.05$）。宝兴中 50 μM Al^{3+} 与 100 μM Al^{3+} 处理差异不显著（$P > 0.05$）。牧友不同 Al^{3+} 处理间差异均显著（$P < 0.05$）。这表明，Al^{3+} 处理对德纳塔茎叶吸收 Fe 的影响最小。

4 个鸭茅品种茎叶中 Cu 含量对铝胁迫的响应不同。其中，安巴较其他品种反应缓慢，在 30 μM Al^{3+} 处理时，出现显著的受抑症状，较对照处理减少了 15.3%（$P < 0.05$）；且安巴中 50 μM Al^{3+} 与 30 μM Al^{3+} 处理差异不显著（$P > 0.05$）；100 μM Al^{3+} 处理与 30 μM Al^{3+} 差异显著（$P < 0.05$），分别较对照和 30 μM Al^{3+} 处理减少了 32.6% 和 20.4%（$P < 0.05$）。其他 3 个品种均是在 10 μM Al^{3+} 处理时就开始与对照处理差异显著（$P < 0.05$），德纳塔、宝兴和牧友分别较对照减少了 14.9%、6.8% 和 11.1%。宝兴中 30 μM、50 μM 和 100 μM Al^{3+} 处理间差异均不显著（$P > 0.05$）。德纳塔和牧友中 30 μM Al^{3+} 和 50 μM Al^{3+} 处理差异不显著（$P > 0.05$）。这表明安巴较其他品种对铝胁迫的响应较慢，且铝胁迫对安巴和宝兴的影响较小。

各品种鸭茅茎叶中 Mn 含量随着 Al^{3+} 浓度增加而呈显著降低趋势，不同品种茎叶积累 Mn 对铝胁迫的响应不同。虽然德纳塔、安巴、宝兴和牧友均是在 10 μM Al^{3+} 处理时，开始与对照处理差异显著（$P < 0.05$），分别较对照减少了 16.6%、15.1%、17.3% 和 16.5%，但是在 10 ~ 100 μM Al^{3+} 处理间的差异，不同品种响应不同。其中，德纳塔中 10 μM 和 30 μM 间差异不显著（$P > 0.05$），但分别与 50 μM、100 μM Al^{3+} 处理间差异显著（$P < 0.05$），且 50 μM 与 100 μM Al^{3+} 处理差异显著（$P < 0.05$）。宝兴中 30 μM 和 50 μM 间差异不显著，但分别与 10 μM Al^{3+}、100 μM Al^{3+} 铝离子处理间差异显著（$P < 0.05$）。牧友中不同 Al^{3+} 处理间的差异与宝兴一致，安巴中不同 Al^{3+} 处理间差异均显著（$P < 0.05$）。这表明在茎叶吸收 Mn 含量方面，德纳塔对铝胁迫的响应不如其他品种敏感，其次是牧友和宝兴，响应较敏感的是安巴。

各品种茎叶中 Zn 含量也受到铝胁迫的明显影响。各个品种均在 10 μM Al^{3+} 处理时，开始表现出受抑反应，德纳塔、安巴、宝兴和牧友分别较对照减少了 12.3%、17.1%、17.0% 和 10.3%（$P < 0.05$）。德纳塔 30 μM Al^{3+} 和 100 μM Al^{3+} 处理差异显著（$P < 0.05$），但分别与 50 μM Al^{3+} 处理差异不显著（$P > 0.05$）。牧友 50 μM Al^{3+} 和 100 μM Al^{3+} 处理差异显著（$P < 0.05$）。而安巴和宝兴不同 Al^{3+} 处理水平间均差异显著（$P < 0.05$）。这表明 4 个鸭茅品种中，

第4章 酸性条件下铝胁迫对鸭茅养分吸收的影响及外源硅对铝累积的影响

德纳塔茎叶吸收 Zn 对铝胁迫的响应较为缓慢，其次是牧友、安巴和宝兴对铝胁迫的响应最为敏感（表4-9）。

综上所述，Al^{3+} 处理对各品种茎叶吸收微量元素产生了不同程度的影响，且随着 Al^{3+} 浓度的增加而呈显著降低趋势，各品种茎叶中不同微量元素对铝胁迫的响应不同。其中，德纳塔茎叶吸收 Fe、Mn 和 Zn 对铝胁迫的响应不如其他品种敏感；安巴茎叶吸收 Cu 对铝胁迫的响应较不敏感；德纳塔茎叶吸收 Cu、宝兴茎叶吸收 Cu 和牧友茎叶吸收 Zn 对铝胁迫的响应较弱。这表明，德纳塔茎叶吸收微量元素对铝胁迫的响应较不敏感。

表4-9 不同铝处理对4个鸭茅品种茎叶中微量元素含量的影响

品种	铝处理（μM）				
	0（CK）	10	30	50	100
Fe（mg/kg DW）238.204 nm					
德纳塔	147.61±7.74^{Ba}	142.37±2.24^{Aa}	121.28±0.78^{Ab}	117.19±1.74^{Ab}	111.28±4.99^{Ab}
安巴	181.92±5.09^{Aa}	141.74±3.47^{Ab}	107.77±4.00^{Bc}	101.00±0.83^{Ccd}	89.91±3.68^{Bd}
宝兴	164.01±6.15^{ABa}	134.52±1.79^{Ab}	123.15±1.76^{Ac}	101.61±2.13^{Cd}	96.52±1.70^{Bd}
牧友	151.55±1.36^{Ba}	140.98±0.94^{Ab}	127.25±0.95^{Ac}	110.83±2.58^{Bd}	97.29±0.94^{Be}
Cu（mg/kg DW）324.752 nm					
德纳塔	22.54±0.15^{Aa}	19.18±0.17^{Ab}	17.30±0.34^{ABc}	16.78±0.16^{Acd}	16.44±0.11^{Ad}
安巴	19.20±0.31^{Ca}	17.95±0.99^{Aa}	16.26±0.01^{Bb}	15.94±0.38^{Bb}	12.95±0.09^{Bc}
宝兴	20.91±0.47^{Ba}	19.49±0.67^{Ab}	17.82±0.11^{Ac}	17.31±0.14^{Ac}	16.68±0.49^{Ac}
牧友	20.60±0.19^{Ba}	18.31±0.08^{Ab}	15.97±0.83^{Bc}	14.82±0.09^{Cc}	12.88±0.24^{Bd}
Mn（mg/kg DW）257.610 nm					
德纳塔	128.30±1.44^{Da}	107.05±1.88^{Db}	105.75±0.38^{Bb}	97.99±1.39^{Bc}	89.56±0.71^{Ad}
安巴	144.71±2.57^{Ca}	122.85±1.47^{Cb}	110.70±4.62^{Bc}	97.83±4.03^{Bd}	83.77±1.68^{Ae}
宝兴	177.03±2.22^{Ba}	146.40±5.95^{Bb}	126.61±1.26^{Ac}	115.02±2.70^{Ac}	91.18±5.49^{Ad}
牧友	209.94±4.97^{Aa}	175.38±4.17^{Ab}	125.69±1.30^{Ac}	117.62±0.65^{Ac}	88.13±4.70^{Ad}
Zn（mg/kg DW）206.200 nm					
德纳塔	56.23±0.28^{Ba}	49.31±1.08^{Bb}	43.02±0.36^{Bc}	40.91±1.08^{Acd}	38.71±0.65^{Ad}
安巴	52.26±1.35^{Ca}	43.34±1.53^{Cb}	38.68±0.39^{Cc}	34.84±0.46^{Cd}	31.16±0.29^{Ce}

续表

品种	铝处理（μM）				
	0（CK）	10	30	50	100
宝兴	75.36±0.48^{Aa}	62.52±0.51^{Ab}	52.76±0.57^{Ac}	38.56±0.42^{Bd}	35.24±0.24^{Be}
牧友	44.89±0.38^{Da}	40.25±0.73^{Cb}	34.03±0.54^{Dc}	31.29±0.41^{Dd}	29.97±0.58^{Cd}

注：同列不同大写字母表示同一铝处理下品种间某一元素含量的差异显著，同行不同小写字母表示同一品种不同铝处理下某一元素含量的差异显著，$P<0.05$，采用 Duncan 多重比较法。

4.1.3 讨论

铝胁迫下，根系和茎叶中 Ca、Mg、K、P、S、Fe、Cu、Mn、Zn 的积累明显降低。这表明铝胁迫下，鸭茅吸收和转运矿物养分发生了改变。这与在水稻[10]上的研究结果相似。在水稻中研究得出，根系和茎叶中 Mg、Zn、Mn 等元素的积累存在显著差异。报道指出，酸性环境下的匍匐翦股颖对 Ca^{2+} 的吸收受 Al^{3+} 影响较大，而一年生早熟禾对磷吸收受 Al^{3+} 的影响较大[11]。黑麦草中，铝胁迫造成其 K 和 Mg 的严重缺乏[12]。本研究中得出类似的结果，铝胁迫对鸭茅 Ca、P、K、Mg 的吸收和转运均产生了显著的抑制影响。对臂形草的耐铝机理进行了研究，指出臂形草的耐受铝胁迫的能力与其在酸性土壤里获得营养元素，如氮、磷和钙的能力有关[13]。表明增强植物逆境胁迫下的养分吸收能力可以在一定程度上减轻胁迫抑制。

而外源加硅后，根系中 Mg、K、P、S、Fe、Cu、Mn、Zn 和茎叶中 Ca、Mg、K、S、Fe、Cu、Mn、Zn 的积累比单独加铝处理有所增加，但是增加的幅度不太一致。研究指出，铝胁迫减少植物吸收矿物养分可能与铝胁迫下质膜 H^+-ATP 酶活性受到抑制有关。因为，ATP 酶活性的降低将会导致质子分泌的减少，从而减弱植物根系质膜上的转运活动，最终导致矿物养分吸收的减少。本研究中外源加硅促进铝胁迫下鸭茅根系和茎叶对矿物养分的吸收很可能是由于加硅增强了质膜上 H^+-ATP 酶的活性，进而加强根系质膜上养分的转运活动引起的。

研究指出，金属离子毒害会诱导植物体内吲哚乙酸氧化酶的活性，进而导致吲哚乙酸，即所谓的生长素的缺乏[14]。而 Zn 是生长素合成的必需因子[10]，本研究中，外源加硅促进了铝胁迫下鸭茅茎叶和根系对 Zn 的吸收和积累。这表明，外源加硅可以通过增加植株体内 Zn 的含量，进而增加生长素的合成，从而促进铝胁迫下植株的生长。

由于铝胁迫对营养元素的有效性、吸收和转运均造成一定程度的干扰，从而引起了植株体内养分的不平衡，目前大部分研究主要集中在 Zn、Mg、P 等元素，而对各个营养元素的系统研究有待深入。据我们所知，这是首次对鸭茅养分吸收对铝胁迫响应的系统研究以及硅铝互作的研究。本研究中，我们发现硅和铝对养分吸收具有显著的交互作用。根系中 K、P、Fe、Cu 和茎叶中 Fe、Cu、K、S 在高浓度铝胁迫下，加硅处理的效果更加显著。这与前人研究的结果类似。

Fe 和 P 的缺乏通常会促进根毛的形成[15-17]。而且研究表明，Fe 缺乏引起根系形态的变化会受到乙烯和生长素等植物激素的调节，而 P 对根系形态的影响却不受激素的影响[17,18]。本研究中，Al^{3+} 处理造成各鸭茅根系中 Fe 和 P 含量均显著低于对照，各品种根系形态参数根长、根表面积和根体积均表现出严重的受抑症状，进而推测铝胁迫下根系形态的变化是造成 P、Fe 缺乏的原因之一，而 P、Fe 缺乏后，又进一步引起根系形态的异常。

研究报道 Ca 的缺乏会抑制莴苣根毛的形成，进而影响根系形态的变化[19]。本研究中根系对 Ca 的吸收，在低浓度（10 μM）处理时，开始出现显著的受抑症状，并随着 Al^{3+} 浓度的继续增加，而表现出更加严重的受抑症状。这势必会引起植株体内 Ca 的缺乏。本研究中，随着铝胁迫程度的加深，鸭茅根长、根体积、根表面积等根系形态参数均受到明显抑制，这可能与铝胁迫引起 Ca 的缺乏有关。Ca 在维持细胞膜透性，参与信号传导过程中有着很重要的作用[20]。报道指出，根尖呈棕色是 Ca 缺乏的症状之一，且会导致主根生长受到抑制，Ca 缺乏导致了植株根细胞的坏死[19,21]。本研究中，在高浓度 Al^{3+} 处理下，植株根尖也呈棕色，很可能是 Ca 缺乏引起的。这进一步表明，Ca 在植物根系发育中起着关键的作用。还有研究表明，Ca 缺乏对植物根系形态的影响，不受 pH 的影响[19]。

对于一些生长在酸性土壤上的植物，通常会出现 Mg 缺乏的症状[22]，而 Mg 是叶绿素的重要组成成分[23]，在铝胁迫下，植株体内 Mg 含量的降低势必会引起叶绿素含量的减少，进而影响植物的光合作用，从而影响植物的生长。铝胁迫抑制植物生长，很可能与其减少植物吸收 Mg 有一定的关系。

P 缺乏也是酸性土壤上作物生长的一个表现症状。由于铝胁迫引起鸭茅植株中 P、Mg 含量降低，引起一定程度的缺 P 和缺 Mg，出现了一些缺磷和缺镁的症状。而本试验是在 pH=4.5 的酸性环境下进行模拟铝胁迫试验，在此条件下，必然会影响水培溶液中 P 的有效性，进而影响植株中 P 的有效性。

且研究得出，Al^{3+} 处理均显著降低了鸭茅根系和茎叶中 P 含量，这与酸性环境下，营养液中 P 的有效性降低有一定的关系，并与铝胁迫抑制植株生长存在一定的关系。

Mn 是植物生长必需的微量元素之一，并在植物光合水分氧化过程中起了重要作用[24]。Mn 是许多酶的辅助因子，譬如，参与木质素降解的含锰 POD[25]，参与线粒体基质抗氧化防御的 MnSOD[26]。研究表明，Mn 在酸性条件下，比较敏感[19]，且酸性条件下，Mn 含量的不同将会影响拟南芥、莴苣等植物的根系形态，低含量时会促进根毛的生长，抑制主根的伸长，而高含量的 Mn 则会抑制根毛的生长，促进主根的伸长，且酸性条件下，植物根系对 Mn 的吸收呈明显减少趋势[16,19]。本研究中，得出类似的结论，根系和茎叶中 Mn 含量对铝胁迫做出了显著响应（$P < 0.05$）；且在低浓度铝胁迫下，根系中含量高于茎叶中含量，高于 30 μM 的铝胁迫，发生转变，表现为根系中含量低于茎叶中含量。随着铝胁迫程度的加深，根系中 Mn 含量的变化要比茎叶中大。且本研究中，在酸性铝胁迫情况下，植株根系和茎叶中 Mn 含量减少，很有可能是根系形态发生变化，根长缩短，而导致的根系吸收 Mn 数量的减少，而不是因为溶液中 Mn 有效性的减少，早在 2003 年就有研究者推测，酸性条件下根系吸收 Mn 减少，很可能是根系吸收数量的减少，而不是酸性介质中 Mn 有效性的降低引起的[19]。

4.1.4 结论

（1）4 个鸭茅品种根系和茎叶中，无论是大量元素还是微量元素，均对铝胁迫做出一定的响应。随着铝离子浓度的增加呈显著降低趋势。且根系和茎叶中同一元素响应也不尽相同，品种间也存在一定的差异。

（2）铝胁迫下，不同元素在地上部茎叶含量和地下根系含量的响应不同，其中大量元素 Ca、K、Mg、P、S 和微量元素 Zn 根系和茎叶中含量存在着某种此消彼长的关系，其中 Ca、K、Mg 表现为茎叶中含量高于根系中的含量，而 P、S、Zn 则表现为根系中含量低于茎叶中含量，表明 Ca、K、Mg 元素从地下根系转移到地上部的途径可能与 P、S、Zn 从地下根系转移到地上部的途径不太一致。

（3）安巴在鸭茅根系吸收大量元素方面对铝胁迫的响应较其他品种不敏感，宝兴在根系吸收微量元素方面较其他品种不敏感。德纳塔茎叶中 Ca 和 Mg 含量、牧友中 K 含量、宝兴和安巴中 S 含量对铝胁迫的响应较小；德纳塔茎叶吸收 Fe、Mn 和 Zn 对铝胁迫的响应较其他品种不太敏感；安巴茎叶吸收 Cu 对铝胁迫的响应较不敏感。这说明在茎叶吸收微量元素响应铝胁迫方面，德纳塔整体上耐受性较强。

参考文献

[1] VON UEXKÜLL H R, MUTERT E. Global extent, development and economic impact of acid soils [J]. Plant and Soil, 1995, 171(1): 1-15.

[2] LIU Q, YANG J, HE L, et al. Effect of aluminum on cell wall, plasma membrane, antioxidants and root elongation in triticale [J]. Biologia Plantarum, 2008, 52(1): 87-92.

[3] KOCHIAN L V. Cellular mechanisms of aluminum toxicity and resistance in plants [J]. Annual Review of Plant Physiology and Plant Molecular Biology, 1995, 46: 237-260.

[4] MATSUMOTO H, SIVAGURU M. Advances in the aluminum toxicity and tolerance of plants for increased productivity in acid soils [M]. New York: Nova Science, 2008.

[5] ISHIKAWA H, EVANS M L. Specialized zones of development in roots [J]. Plant Physiology, 1995, 109: 725-727.

[6] SIVAGURU M, HORST W. The distal part of the transition zone is the most aluminum-sensitive apical root zone of maize [J]. Plant Physiology, 1998, 116: 155-163.

[7] JONES D L, BLANCAFLOR E B, KOCHIAN L V, et al. Spatial coordination of aluminium uptake, production of reactive oxygen species, callose production and wall rigidification in maize roots [J]. Plant Cell and Environment, 2006, 29(7): 1309-1318.

[8] ZHENG S, YANG J. Target sites of aluminum phytotoxicity [J]. Biologia Plantarum, 2005, 49(3): 321-331.

[9] BALIGAR V C, GRUNES D L, BELESKY D P, et al. Mineral composition of forage legumes as influenced by aluminum [J]. Journal of Plant Nutrition, 2001, 24(2): 215-227.

[10] SINGH V, TRIPATHI D, KUMAR D, et al. Influence of Exogenous Silicon Addition on Aluminium Tolerance in Rice Seedlings [J]. Biological Trace Element Research, 2011, 144(1): 1260-1274.

[11] SHIOU K. Effect of lime and phosphate on the growth of annual bluegrass and creeping bentgrass in two acid soils [J]. Soil Science, 1993, 156(2): 94-100.

[12] RENGEL Z, ROBINSON D L. Aluminum effects on growth and macronutrient uptake by annual ryegrass [J]. Agronomy Journal, 1989, 81(2): 208-215.

[13] RAO I M, BORRERO V, RICAURTE J, et al. Adaptive attributes of tropical forage species to acid soils. Ⅲ. Differences in phosphorus acquisition and utilization as influenced by varying

phosphorus supply and soil type [J]. Journal of Plant Nutrition, 1997, 20(1): 155–180.

[14] MORGAN P W, TAYLOR D M, JOHAM H E. Manipulation of IAA - oxidase activity and auxin - deficiency symptoms in intact cotton plants with manganese nutrition [J]. Physiologia Plantarum, 1976, 37(2): 149–156.

[15] LANDSBERG E C. Hormonal regulation of iron–stress response in sunflower roots: a morphological and cytological investigation [J]. Protoplasma, 1996, 194(1): 69–80.

[16] MA Z, BIELENBERG D G, BROWN K M, et al. Regulation of root hair density by phosphorus availability in Arabidopsis thaliana [J]. Plant, Cell & Environment, 2001, 24(4): 459–467.

[17] SCHMIDT W, SCHIKORA A. Different pathways are involved in phosphate and iron stress-induced alterations of root epidermal cell development [J]. Plant Physiology, 2001, 125(4): 2078–2084.

[18] SCHMIDT W, TITTEL J, SCHIKORA A. Role of hormones in the induction of iron deficiency responses in *Arabidopsis* roots [J]. Plant Physiology, 2000, 122(4): 1109–1118.

[19] KONNO M, OOISHI M, INOUE Y. Role of manganese in low–pH–induced root hair formation in *Lactuca sativa* cv. Grand Rapids seedlings [J]. Journal of Plant Research, 2003, 116(4): 301–307.

[20] SHUMAN L M. Mineral nutrition [M]//WILKINSON R E. Plant–environment interactions. New York: Dekker. 1994: 149–182.

[21] WYMER C L, BIBIKOVA T N, GILROY S. Cytoplasmic free calcium distributions during the development of root hairs of *Arabidopsis thaliana* [J]. The Plant Journal, 1997, 12(2): 427–439.

[22] FOY C D. Soil chemical factors limiting plant root growth [J]. Advances in Soil Sciences, 1992, 19: 87–149.

[23] ILAG L L, KUMAR A M, SOLL D. Light regulation of chlorophyll biosynthesis at the level of 5–aminolevulinate formation in *Arabidopsis* [J]. The Plant Cell Online, 1994, 6(2): 265–275.

[24] KIMIMURA M, KATOH S. On the functional site of manganese in photosynthetic electron transport system [J]. Plant and Cell Physiology, 1972, 13(2): 287–296.

[25] REID I D, PAICE M G. Effects of manganese peroxidase on residual lignin of softwood kraft pulp [J]. Applied and Environmental Microbiology, 1998, 64(6): 2273–2274.

[26] ST CLAIR D. Manganese superoxide dismutase: genetic variation and regulation [J]. The Journal of Nutrition, 2004, 134(11): 3190–3191.

4.2 外源硅对铝胁迫下鸭茅形态构建和植株体内铝累积的影响

中国南方酸性土壤面积 $2.03×10^8$ hm^2，约占全国国土面积的 21%[1-3]，近些年，在中国南方不同地区均出现不同程度的土壤酸化现象（pH4.0～5.90）[4]。土壤酸化是中国草地建植和草坪管理的重大难题之一[5]。铝在土壤中普遍存在，是构成地壳的重要元素，占地壳总含量的7%，仅次于硅和氧[6]。酸性土壤中 Al^{3+} 是一种有害离子，对植物的生长造成一定程度的抑制作用[7-10]，受到 Al^{3+} 毒害的牧草通过食物链的形式进入草食动物体内进而进入人体，引起动物和人体组织铝的累积，造成健康威胁，铝是人类重大流行性脑病——阿尔茨海默病的重要诱因之一[11]。硅是一种非金属，是地壳和土壤中的第二大元素，研究指出，硅有利于禾本科和莎草科等植物的健康生长发育[12, 13]。硅不仅在缓解病原菌和寄生虫对植物的不良影响方面起了重要作用，而且在缓解植物遭遇铝胁迫、镉胁迫等重金属胁迫等非生物胁迫方面发挥了十分重要的作用[14-18]。鸭茅在我国云南、四川、贵州等西南地区广泛栽培，在中国现代草牧业建设和西南地区生态环境治理中发挥着十分重要的作用[19-23]。已有报道指出，酸性土壤 Al^{3+} 对鸭茅的早期种子萌发和幼苗生长均有一定的危害[10, 24]，而有关硅缓解铝胁迫下鸭茅生长和形态构建的研究却鲜有报道。为此，本研究选用我国西南地区4个主栽品种，研究外源加硅对铝胁迫下鸭茅形态构建和植株体内铝积累的影响，旨在探讨和明确硅缓解铝胁迫下鸭茅植株生长发育的调节机理。这对我国草牧业可持续发展和人类食品安全具有十分深远的意义。

4.2.1 材料与方法

4.2.1.1 供试材料

供试鸭茅品种分别是牧友、安巴、宝兴和德纳塔。

4.2.1.2 培养条件

种子经由2%次氯酸钠溶液比表面消毒、蒸馏水冲洗数次后，置于铺有吸水滤纸的种子发芽盘（型号L3190089，19 cm × 13 cm × 9 cm）内进行萌发（25℃）7 d，挑选整齐一致（胚根 3 cm 左右）的幼苗移入装有 2 L 的 Hoagland 营养液的培养盒置于光照培养箱（Sany–MLR–351H 型，温度误差范围 ± 0.3℃）内进行培养，每个营养盒10株幼苗。Hoagland 营养液的组成见表4-10。培养条件：光照强度12 000 lx，25 ℃ 10 h光照，20 ℃ 14 h黑暗，相对湿度70%±2%；每3 d更换1次营养液，培养期间每天定时通气10 h（用电动气泵），培养液用水为去离子水，预培养14 d。

表4-10 改良的Hoagland营养液配方

大量元素	浓度（mM）	微量元素	浓度（mM）
硝酸钙 $Ca(NO_3)_2 \cdot 4H_2O$	4	硫酸锰（$MnSO_4 \cdot 4H_2O$）	9.5×10^{-3}
硝酸钾（KNO_3）	4	硫酸铜（$CuSO_4 \cdot 5H_2O$）	3×10^{-4}
硫酸镁（$MgSO_4 \cdot 7H_2O$）	2	硫酸锌（$ZnSO_4 \cdot 7H_2O$）	1×10^{-3}
磷酸二氢铵（$NH_4H_2PO_4$）	1	硼酸（H_3BO_3）	1.5×10^{-2}
		钼酸铵 $[(NH_4)_6Mo_7O_{24} \cdot 4H_2O]$	3×10^{-4}
		乙二胺四乙酸钠铁螯合物（Fe-EDTA）	0.2

4.2.1.3 试验设计

处理液由硅和铝组成，外源硅以 $NaSiO_3 \cdot 5H_2O$、铝以 $AlCl_3 \cdot 6H_2O$ 的形式加入营养液中。硅设两个梯度，0 mM和2 mM；铝设5个梯度，0 μM、10 μM、30 μM、50 μM和100 μM；共有10个处理组合（表4-11）。用稀HCl 0.1 mol/L、NaOH 0.1 mol/L和pH计（赛多利斯，PB-10）将处理液pH值调整为4.5，重复4次。本试验中硅的浓度是基于预实验确定的，在预试验中处理液没有出现沉淀。

预培养14 d后，对植株进行试验处理，共15 d，试验期间培养箱培养条件同1.2中的培养条件，处理期间依据事先做好的液面标记，及时补充不同处理每个重复的水分蒸发，以pH 4.5的去离子水进行补充，处理期间每天定时通气5 h，处理液不进行更换。

表4-11 营养液中的10个处理

编号	处理	备注	编号	处理	备注
1	CK（Al_0）	纯营养液不加 Al^{3+} 和硅	6	Si	纯营养液添加2 mM硅酸钠
2	Al_{10}	10 μM Al^{3+}	7	Al_{10}+Si	10 μM Al^{3+} + 2 mM Si
3	Al_{30}	30 μM Al^{3+}	8	Al_{30}+Si	30 μM Al^{3+} + 2 mM Si
4	Al_{50}	50 μM Al^{3+}	9	Al_{50}+Si	50 μM Al^{3+} + 2 mM Si
5	Al_{100}	100 μM Al^{3+}	10	Al_{100}+Si	100 μM Al^{3+} + 2 mM Si

4.2.1.4 指标测定

试验结束后,每个处理每次重复收获单株6株,进行植株干重和铝含量的测定。另外4株进行根系形态参数的测定。

(1)植株生长指标

将收获鸭茅植株的地上部茎叶与根系分开,用去离子水冲洗3次,60 ℃干燥2 d至恒重,分别称量其茎叶和根系干重(mg/株)[25]。LWR和R/S按照以下公式计算。

LWR(%)=(叶片干重/植株总干重)×100

R/S=根系干重/茎叶干重

(2)根系耐受指数(RTI,即根系伸长率)

RTI(%)=(某一特定浓度下的根系长度/对照处理的根系长度)×100

(3)根系形态指标

将经过不同Al^{3+}处理的鸭茅植株根系收获,用去离子水清洗,用干净的白纱布吸干多余的水分,放入自封袋内,保存在-20℃条件下备用。扫描时,首先在常温条件下将根系缓慢解冻,用去离子水冲洗干净后,用根系扫描仪(Epson Perfection V700 PHOTO,北京,中国)进行透视扫描(扫描软件Fotolook32V3.00.05),扫描结束后首先对图片进行处理,擦除非根的线条,尽量减小误差,用计算机图像分析软件WinRHIZO(Vision Pro 5.0a, Regent Instruments Inc.,魁北克,QC,加拿大)处理后得到每个扫描图片的根系长度、根系表面积和根系体积等指标。

(4)铝含量测定

测定所用的试剂均为优级纯试剂,试剂的配置和样品提取液的定容均用超纯水,由Milli-Q仪器(18.2 MΩ/cm, Millipore, Billerica, MA, USA)制备。所有玻璃和塑料管及仪器的校正按照Kula等的方法[26]。分别称取各个品种不同处理干燥和粉碎好的根系样品粉末约0.2 g和叶片粉末0.5 g,放入四氟乙烯管内,加入5 mL浓硝酸(69% HNO_3)和1 mL 30% H_2O_2后,将其放入高压微波消煮仪(type-MARS Xpress, CEM Co. Ltd., USA)内进行消化。消煮、定容后,用等离子发射光谱仪(ICP-OES, model optima 5300DV, Perkin Elmer, USA)对样品提取液中的铝元素进行测定。为了检验消煮方法的准确性,采用GBW-10016标准茶叶粉作为标准物质。

4.2.1.5 统计分析

利用 SPSS 20.0 统计软件进行方差分析，多重比较采用 Duncan's 法，显著性水平（P=0.001，0.01 和 0.05）。采用 SigmaPlot 10.0 软件作图。

4.2.2 结果与分析

4.2.2.1 外源加硅对铝胁迫下鸭茅植株生长的影响

与不加硅处理相比，加硅处理对鸭茅根系干重和茎叶干重产生了显著的影响（$P < 0.05$）；鸭茅的根系干重和茎叶干重显著增加，分别较对应的不加硅处理增加了 45.3% 和 57.5%（$P < 0.05$）（图 4–3 和图 4–4）。并且 Si×Al 处理对鸭茅根系干重、茎叶干重的交互作用显著（$P < 0.05$）。从图 4–3 可以看出，无论是否加硅，鸭茅根系干重和茎叶干重均随着 Al^{3+} 的增加而呈下降趋势（$P < 0.05$）。外源加硅后，根系遭受 Al^{3+} 胁迫的症状明显得到改善，根系干重随 Al^{3+} 浓度的加深，下降变得缓慢了。除不加铝单加硅处理比对照处理（CK）差异不显著外（$P > 0.05$），其余加硅处理后的根系干重均比对应的不加硅处理均显著增加（$P < 0.05$），10 μM、30 μM、50 μM、100 μM 较对应的加硅处理（Al_{10}+Si、Al_{30}+Si、Al_{50}+Si、Al_{100}+Si）分别增加了 43.0%、69.4%、209.8% 和 201.6%。而茎叶干重则在各个 Al^{3+} 处理水平下，加硅处理均比不

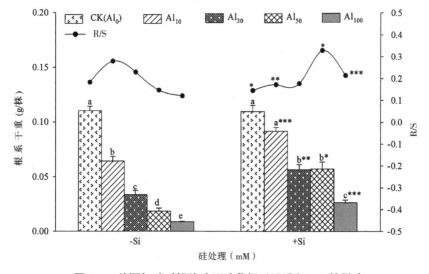

图 4–3 外源加硅对铝胁迫下鸭茅根系干重和 R/S 的影响

注：不同小写字母表示同一硅处理下不同铝处理根系干重差异显著（$P < 0.05$）；星号表示同一铝处理下加硅处理（+Si）后的根系干重和 R/S 分别与对应的不加硅处理（–Si）之间的差异显著性。*$P < 0.05$，** $P < 0.01$，*** $P < 0.001$。

加硅处理差异极显著（$P < 0.01$），0 μM、10 μM、30 μM、50 μM、100 μM 较对应的加硅处理（Si、Al_{10}+Si、Al_{30}+Si、Al_{50}+Si、Al_{100}+Si）分别增加了 24.6%、111.0%、106.1%、42.8% 和 66.2%。这表明加硅处理减轻了铝处理下鸭茅茎叶和根系的受抑程度，缓解了鸭茅植株生长受抑的症状。

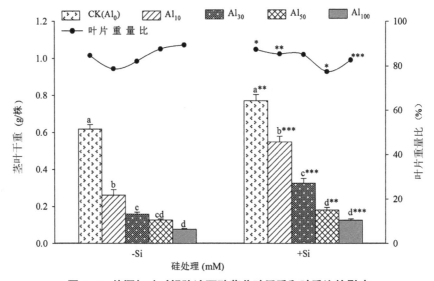

图 4-4　外源加硅对铝胁迫下鸭茅茎叶干重和叶重比的影响

注：不同小写字母表示同一硅处理不同铝处理的茎叶干重差异显著（$P < 0.05$）；星号表示同一铝处理加硅处理（+Si）后的茎叶干重和叶重比例分别与对应的不加硅处理（-Si）之间的差异显著性。*$P < 0.05$，** $P < 0.01$，*** $P < 0.001$。

4.2.2.2　外源加硅对铝胁迫下鸭茅 LWR 和 R/S 的影响

方差分析表明，硅处理对 LWR 和 R/S 的影响差异不显著（$P > 0.05$），Si×Al 处理对鸭茅 R/S 和叶重比例的交互作用显著（$P < 0.05$）。无论加硅与否，随着 Al^{3+} 浓度的增加，鸭茅 R/S 均呈一种先上升后下降的趋势，而 LWR 则是先下降后上升的趋势。外源加硅后，R/S 和 LWR 开始下降的拐点浓度均有所推迟，均是从不加硅处理的 10 μM 推迟到 50 μM；且除了 30 μM 加硅处理（Al_{30}+Si）以外，各加硅处理后的 R/S 和 LWR 均较对应的不加硅处理差异显著（$P < 0.05$）。这表明，外源加硅有利于铝胁迫下鸭茅稳定健康形态的构建。

4.2.2.3　外源加硅对铝胁迫下鸭茅根系形态的影响

从表 4-12 可以看出，加硅处理显著地缓解了不同浓度铝胁迫下鸭茅根长、根表面积、根体积等根系形态参数的变化（$P < 0.05$）。Si 处理（单独加

表 4-12 外源加硅对铝胁迫下鸭茅根系（D < 1.5 mm）形态的影响

处理	根长（cm）	根系总长度（cm）	根表面积（cm²）	根系总表面积（cm²）	根体积（cm³）	根系总体积（cm³）
CK（Al_0）	396.8±31.7^{Bb}	401.5±32.0^{Bb}	23.38±2.13^{Bb}	27.80±2.61^{Bb}	0.213±0.024^{Bb}	0.627±0.092^{Bb}
Si	521.4±33.2^{Aa}	531.3±33.6^{Aa}	33.64±2.23^{Aa}	42.07±2.73^{Aa}	0.341±0.025^{Aa}	1.184±0.089^{Aa}
Al_{10}	236.4±18.9^{CDd}	239.9±19.4^{CDd}	14.66±1.73^{BCDd}	18.05±2.41^{BCc}	0.133±0.024^{BCc}	0.486±0.102^{BCc}
Al_{10}+Si	345.2±31.2^{BCb}	350.2±31.5^{BCb}	22.35±2.10^{BCbc}	26.99±2.57^{Bb}	0.216±0.023^{Bb}	0.643±0.100^{Bb}
Al_{30}	216.1±25.5^{CDd}	219.9±25.9^{CDd}	14.33±1.89^{Dd}	18.19±2.44^{BCbc}	0.141±0.021^{BCbc}	0.560±0.099^{BCb}
Al_{30}+Si	266.8±27.4^{CDcd}	269.8±27.7^{CDcd}	15.96±1.98^{BCDcd}	18.94±2.40^{BCbc}	0.145±0.022^{BCbc}	0.446±0.087^{BCbc}
Al_{50}	196.6±24.2^{Dd}	198.3±24.5^{Dd}	11.49±1.67^{Dd}	13.31±2.28^{Cc}	0.094±0.017^{Cc}	0.324±0.75^{Cc}
Al_{50}+Si	264.0±30.3^{CDcd}	267.1±30.3^{CDcd}	16.74±1.79^{BCDcd}	19.37±1.88^{BCbc}	0.156±0.017^{BCbc}	0.370±0.049^{BCbc}
Al_{100}	169.6±16.1^{Dd}	171.2±16.2^{Dd}	9.87±1.19^{Dd}	11.28±1.46^{Cc}	0.085±0.014^{Cc}	0.199±0.042^{Cc}
Al_{100}+Si	239.6±24.0^{CDd}	243.1±24.3^{CDd}	15.17±1.76^{BCDd}	18.45±2.29^{BCc}	0.149±0.021^{BCbc}	0.476±0.091^{BCbc}

注：同列不同大写字母表示不同处理差异极显著（$P<0.01$），同列不同小写字母表示不同处理差异显著（$P<0.05$）。

硅）下的鸭茅根长（D < 1.5 mm）、根系总长度、根表面积（D < 1.5 mm）、根系总表面积、根体积（D < 1.5 mm）和根系总体积均极显著高于对照处理和其余处理（$P < 0.01$），分别较对照（Al_0）增加了31.4%、32.3%、43.9%、51.3%、60.1%和88.8%。除根系总体积之外，其余根系参数均表现出低浓度（10 μM）铝胁迫加硅处理（Al_{10}+Si）显著高于对应的铝胁迫处理（Al_{10}）（$P < 0.05$），分别增加了46.0%、46.0%、52.5%、49.5%、62.4%和32.3%；而高浓度（≥ 30 μM）铝胁迫下加硅处理（Al_{30}+Si、Al_{50}+Si、Al_{100}+Si）下的根系形态参数均较对应的铝胁迫处理有所增加，但差异不明显（$P > 0.05$）。这表明外源加硅在一定程度上可以缓解鸭茅铝胁迫下的根系形态变形和扭曲，促进铝胁迫下鸭茅根系良好形态的重新构建，尤其是在表面积和体积上的改善作用更为明显，且对低浓度铝胁迫的缓解效果显著。

方差分析表明，品种 × 硅处理，品种 × 铝处理对鸭茅各根系形态参数的交互作用不显著（$P > 0.05$）；Si×Al仅对根系总体积的交互作用显著（$P < 0.05$），对其余根系形态参数差异不显著（$P > 0.05$）。从图 4-5 可以看出，随着Al^{3+}浓度的增加，鸭茅的根系总体积呈一种缓慢下降趋势。Al_{100}处理时的根系总长度显著低于对照处理和Al_{30}处理的根系总体积，分别比对照处理和Al_{30}处理减少了68.3%和64.5%（$P < 0.05$），而与其余处理差异不显著（$P >$

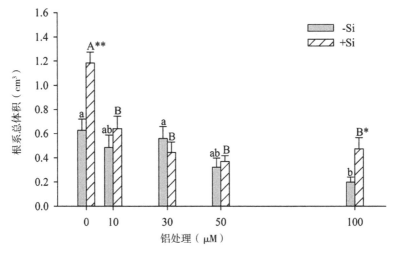

图 4-5　外源加硅对铝胁迫下鸭茅根系总根体积的影响

注：不同小写字母表示不加硅处理（-Si）下不同铝处理之间差异显著（$P < 0.05$）；不同大写字母表示加硅处理（+Si）下不同铝处理之间差异显著（$P < 0.05$）；* 表示同一铝处理不同硅处理之间的差异显著（$P < 0.05$），** 表示同一铝处理不同硅处理之间的差异极显著（$P < 0.01$）。

0.05）。单独加硅处理显著高于其他加硅处理（$P < 0.05$），而其余加硅处理之间差异均不显著（$P > 0.05$）。单独加硅处理下的鸭茅根系总体积极显著高于对照处理（Al_0 处理）（$P < 0.01$），增加 88.8%；Al_{100}+Si 处理下的鸭茅根系总体积显著高于对应的铝（Al_{100}）处理（$P < 0.05$）；而其余加硅处理与对应的不加硅处理差异不显著（$P > 0.05$）。

4.2.2.4 硅铝处理对不同鸭茅品种根系耐受指数（即根系伸长率）的影响

从图 4-6 可以得出，外源加硅后，铝胁迫下各鸭茅品种的根系耐受指数（即根系伸长率）均有所增加。各品种均是单纯加硅处理下的根系伸长率最高，均大于 100%，这表明硅有利于促进鸭茅根系的伸长。各品种各个 Al^{3+} 浓度对应的加硅处理后的根系伸长率增加幅度不同。Al_{10}+Si 处理时，各品种的增幅都比较大，德纳塔、安巴、宝兴和牧友与对应的不加硅处理（Al_{10}）分别增加了 35.0%、24.9%、30.9% 和 20.2%。而 Al_{30}+Si 处理时，各品种的增幅均比较小，尤其是宝兴，其较对应的不加硅处理仅增加了 1.1%。在较高 Al^{3+} 浓度加硅处理时，增幅也比较高，且德纳塔是 4 个品种中增幅较大的一个，其中 Al_{50}+Si 和 Al_{100}+Si 较对应的不加硅处理分别增加了 30.1% 和 25.8%，宝兴的增幅较小，其 Al_{50}+Si 和 Al_{100}+Si 分别较对应的不加硅处理增加了 12.5% 和 16.4%。

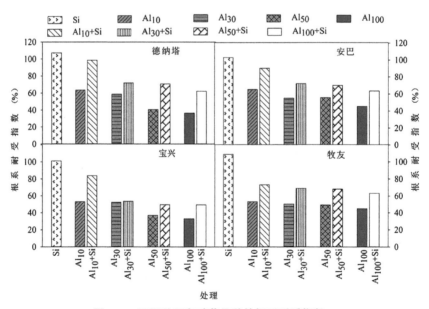

图 4-6 不同处理各鸭茅品种的根系耐受指数

4.2.2.5 外源加硅对铝胁迫下鸭茅地上部和根系吸收铝元素的影响

方差分析结果表明，外源加硅对铝胁迫下鸭茅茎叶和根系吸收 Al^{3+} 产生了极显著的影响（$P<0.001$，图4-7）。且鸭茅茎叶吸收 Al^{3+} 对硅的响应与根系不一致。单纯 Al^{3+} 处理下，根系铝含量和茎叶铝含量均随着 Al^{3+} 浓度的增加而呈现显著的增加趋势，Al_{100} 处理的根系铝含量和茎叶铝含量分别比对照处理的铝含量增加了1.4倍和2.3倍。外源加硅后，鸭茅茎叶和根系吸收 Al^{3+} 的含量明显减弱。在处理 $Al_{10}+Si$ 的根系铝含量就开始出现显著的下降趋势（$P<0.05$），比与之对应的 Al_{10} 处理下降了15.3%。与低浓度 Al^{3+} 相比，高浓度 Al^{3+} 处理下的外源加硅处理的鸭茅根系铝含量下降幅度更大，$Al_{50}+Si$ 和 $Al_{100}+Si$ 处理分别较对应的 Al_{50} 和 Al_{100} 处理减少了35.4%和28.4%。这表明，外源加硅在一定程度上能够缓解铝毒对鸭茅根系生长的胁迫。

与根系相比，茎叶对 Al^{3+} 的吸收对硅处理的响应较为迟缓。$Al_{50}+Si$ 处理的鸭茅茎叶铝含量出现显著下降趋势（$P<0.05$），表明铝胁迫症状明显得到缓解；而在低于 50 μM Al^{3+} 处理时，外源加硅处理后的茎叶铝含量较与之对应的铝处理下的铝含量有所下降，但下降幅度不显著（$P>0.05$）。$Al_{50}+Si$ 和 $Al_{100}+Si$ 茎叶铝含量与之较对应的铝处理下的铝含量分别减少了30.1%和26.7%（$P<0.05$）。这表明外源加硅对高浓度（$\geqslant 50$ μM）Al^{3+} 胁迫下的鸭茅根系和茎叶吸收 Al^{3+} 起到较为显著的缓解调节效应。

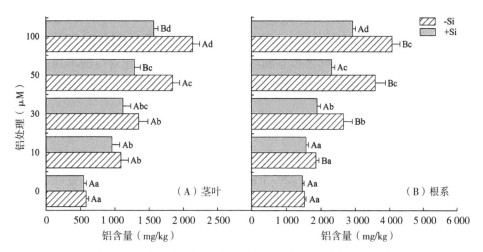

图4-7 外源加硅对铝胁迫下鸭茅根系和茎叶铝含量的影响

注：不同小写字母表示同一硅处理不同铝处理对鸭茅茎叶和根系铝含量的差异显著（$P<0.05$），不同大写字母表示同一铝处理下不同硅处理之间的差异显著（$P<0.05$）。

4.2.3 讨论

研究表明，硅对缓解非生物胁迫下的植物生长受抑症状具有一定的缓解作用[15]，硅能够缓解高粱[27]、大麦[28]、水稻[9]、玉米[29]等植物的铝毒胁迫症状。但也有报道指出，硅在缓解棉花铝毒胁迫症状方面起着极其微弱的作用[30]，一些研究得出不同的结论，硅在小麦、豌豆铝毒方面没有起到缓解作用[11]。本研究中，外源加硅显著缓解了铝胁迫下鸭茅根系形态的变形，单纯硅处理的鸭茅根系根毛量比其他处理下的根毛数量明显增多，这与Vaculík等[14]在玉米上的研究一致。本研究中，尽管所有供试鸭茅品种的根系长度随着Al^{3+}浓度的增加呈现逐渐缩短症状，而安巴的总根表面积以及宝兴、牧友的总根体积，并没有随着Al^{3+}浓度的增加而呈逐渐降低趋势。在100 μM Al^{3+}处理时，安巴的总根表面积大于50 μM Al^{3+}处理；宝兴和牧友30 μM Al^{3+}处理的总根体积均比10 μM Al^{3+}处理大。这可能是较高浓度铝胁迫减少了供试鸭茅根系中根毛的长度和数量，却增加了根毛的宽度造成的[9]。植物遭受铝胁迫最为明显的症状就是根系伸长受到抑制，根系伸长率（即根系耐受指数）是衡量植物遭受Al^{3+}胁迫程度和耐受铝胁迫的重要指标[5,10,31]。本研究中，外源加硅明显促进了铝胁迫下鸭茅根系的伸长，根系伸长率明显高于对应不加硅处理，这与Corrales等在玉米上的[32]研究结果一致，而与Hammond等在大麦上的[33]研究结果不太一致，Hammond等指出<75 μM Al^{3+}处理加硅显著提高根系伸长，而>75 μM Al^{3+}处理加硅则会降低大麦根系长度和干重。而本研究中，外源加硅鸭茅根系和茎叶中吸收和积累铝比对应的不加硅处理的显著减少，可能是通过细胞壁绑定Al^{3+}或是将Al^{3+}隔离在液泡中来实现的[14]。

在小麦上的研究[34]，得出品种与硅之间存在显著的交互作用，并且外源加硅对铝胁迫症状的缓解程度受品种+硅交互作用的影响，得出外源添加2 mM硅明显减轻了100 μM Al^{3+}下耐受性强品种Atlas 66的受抑症状，而耐受性差的品种Scout 66，则在较低浓度1.5 μM Al^{3+}下，外源添加5 μM硅就出现明显的缓解效应，而本研究中，只有硅处理的主效显著，品种和硅的交互作用不显著，这表明不同物种间对硅缓解铝胁迫的响应存在一定的差异。

4.2.4 结论

外源加硅明显缓解了铝胁迫下鸭茅植株的生长,在一定程度上增加了鸭茅根系干重及茎叶干重,改变了 R/S 和叶重比例的变化趋势;并明显降低了鸭茅根系和茎叶吸收和积累铝的水平,显著增加了鸭茅的总根体积、根毛数量和根系伸长率。外源加硅对缓解 Al^{3+} 胁迫下的根系形态变化具有一定的调节作用。表明外源加硅有利于促进铝胁迫下鸭茅植株健康形态的重新构建,并降低植株对 Al^{3+} 的吸收,从而降低植株的中毒症状。

参考文献

[1] 彭安, 王文华. 环境生物无机化学 [M]. 北京: 北京大学出版社, 1992: 100.

[2] 赵其国, 张桃林, 鲁如坤, 等. 中国东部红壤地区土壤退化的时空变化、机理及调控 [M]. 北京: 科学出版社, 2002, 70.

[3] 钱庆, 毕玉芬, 朱栋斌. 利用野生苜蓿资源进行耐酸铝研究的前景 [J]. 中国农学通报, 2006, 22(4): 248–251.

[4] GUO J H, LIU X J, ZHANG Y, et al. Significant acidification in major chinese croplands[J]. Science, 2010, 327(5968): 1008–1010.

[5] MA J F, RYAN P R, DELHAIZE E. Aluminium tolerance in plants and the complexing role of organic acids[J]. Trends in Plant Science, 2001, 6(6): 273–278.

[6] POSCHENRIEDER C, GUNSÉ B, CORRALES I, et al. A glance into aluminum toxicity and resistance in plants[J]. Science of The Total Environment, 2008, 400(1–3): 356–368.

[7] VON UEXKÜLL H R, MUTERT E. Global extent, development and economic impact of acid soils [J]. Plant and Soil, 1995, 171(1): 1–15.

[8] WANG Y, STASS A, HORST W J. Apoplastic binding of aluminum is involved in silicon-induced amelioration of aluminum toxicity in maize[J]. Plant Physiology, 2004, 136(3): 3762–3770.

[9] SINGH V, TRIPATHI D, KUMAR D, et al. Influence of exogenous silicon addition on aluminium tolerance in rice seedlings [J]. Biological Trace Element Research, 2011, 144(1): 1260–1274.

[10] 张美艳, 薛世明, 钟声, 等. 鸭茅幼苗生长及形态对铝胁迫的响应 [J]. 草地学报, 2015, 23(4): 763–770.

[11] HODSON M J, EVANS D E. Aluminium/silicon interactions in higher plants[J]. Journal of

Experimental Botany, 1995, 46(2): 161-171.

[12] EPSTEIN E. Silicon[J]. Plant Biology, 1999, 50: 641-664.

[13] GUNTZER F, KELLER C, MEUNIER J D. Benefits of plant silicon for crops: a review[J]. Agronomy for Sustainable Development, 2012, 32(1): 201-213.

[14] VACULÍK M, LANDBERG T, GREGER M, et al. Silicon modifies root anatomy, and uptake and subcellular distribution of cadmium in young maize plants[J]. Annals of Botany, 2012, 110(2): 433-443.

[15] LIANG Y, SUN W, ZHU Y G, et al. Mechanisms of silicon-mediated alleviation of abiotic stresses in higher plants: a review[J]. Environmental Pollution, 2007, 147(2): 422-428.

[16] 刘鸣达, 王丽丽, 李艳利. 镉胁迫下硅对水稻生物量及生理特性的影响 [J]. 中国农学通报, 2010, 26(13):187-190.

[17] 赵红波, 周秀杰, 胡丽阳, 等. 硅缓解重金属毒害研究进展 [C]. // 中国环境科学学会主编. 2013中国环境科学学会学术年会论文集(第五卷). 北京: 中国环境科学出版社, 2013: 5091-5096.

[18] 王蕾, 陈玉婷, 蔡昆争, 等. 外源硅对青枯病感病番茄叶片抗氧化酶活性的影响 [J]. 华南农业大学学报, 2014, 35(3):74-78.

[19] 周自玮, 孟广涛, 毛熔, 等. 三种多年生牧草保水能力及土壤改良作用的研究 [J]. 中国草地学报, 2008, 30(1):66-71.

[20] 钟声, 黄梅芬, 段新慧. 中国西南横断山区的野生鸭茅资源 [J]. 植物遗传资源学报, 2010, 11(1):1-4.

[21] ZENG B, ZHANG X Q, LAN Y, et al. Evaluation of genetic diversity and relationships in orchardgrass (*Dactylis glomerata* L.) germplasm based on SRAP markers[J]. Canadian Journal of Plant Science, 2008, 88(1): 53-60.

[22] 徐倩, 才宏伟, 刘艺杉, 等. 16个国外鸭茅种质材料引种与初步评价 [J]. 草业科学, 2011, 28(4):597-602.

[23] LI C J, WANG Z F, CHEN N, et al. First report of choke disease caused by epichloë typhina on orchardgrass (*Dactylis glomerata*) in China[J]. Plant Disease, 2009, 93(6): 673.

[24] 张美艳, 薛世明, 钟声, 等. 酸性条件下鸭茅种子萌发对铝胁迫的耐受响应 [J]. 中国草地学报, 2013, 35(3): 97-102.

[25] REZIĆ I, ZEINER M, STEFFAN I. Determination of 28 selected elements in textiles by axially viewed inductively coupled plasma optical emission spectrometry[J]. Talanta, 2011, 83(3): 865-871.

[26] KULA İ, SOLAK M H, UĞURLU M, et al. Determination of mercury, cadmium, lead,

zinc, selenium and iron by ICP-OES in mushroom samples from around thermal power plant in Muğla, Turkey[J/OL]. Bulletin of Environmental Contamination and Toxicology, 2011, 87(3): 276-281.

[27] HODSON M J, SANGSTER A G. The interaction between silicon and aluminium in *Sorghum bicolor* (L.) Moench: growth analysis and X-ray microanalysis[J]. Annals of Botany, 1993, 72(5): 389-400.

[28] ALI S, ZENG F, QIU L, et al. The effect of chromium and aluminum on growth, root morphology, photosynthetic parameters and transpiration of the two barley cultivars[J]. Biologia Plantarum, 2011, 55(2): 291-296.

[29] GIONGO V, BOHNEN H. Relation between aluminum and silicon in maize genotypes resistant and sensitive at aluminum toxicity[J]. Bioscience Journal, 2011, 27(3): 348-356.

[30] LI Y C, ALVA A K, SUMNER M E. Response of cotton cultivars to aluminum in solutions with varying silicon concentrations[J]. Journal of Plant Nutrition, 1989, 12(7): 881-892.

[31] 唐新莲, 姬彤彤, 黎晓峰, 等. 不同玉米品种耐铝性的基因型差异研究[J]. 西南农业学报, 2015, 28(4):1481-1489.

[32] CORRALES I, POSCHENRIEDER C, BARCELÓ J. Influence of silicon pretreatment on aluminium toxicity in maize roots[J]. Plant and Soil, 1997, 190(2): 203-209.

[33] HAMMOND K E, EVANS D E, HODSON M J. Aluminium/silicon interactions in barley (*Hordeum vulgare* L.) seedlings[J]. Plant and Soil, 1995, 173(1): 89-95.

[34] COCKER K M, EVANS D E, HODSON M J. The amelioration of aluminium toxicity by silicon in wheat (*Triticum aestivum* L.): malate exudation as evidence for an in planta mechanism[J]. Planta, 1998, 204(3): 318-323.

第二篇

鸭茅对白三叶化感的响应机理

第5章

鸭茅+白三叶混播草地化感作用研究

5.1 鸭茅+白三叶混播草地化感作用研究进展

5.1.1 鸭茅+白三叶混播草地

蒋文兰[1]总结得出：混播优于单播，主要表现为群落抗杂草入侵能力的提高，以及混播组合干物质产量的提高；不同种有不同的扩展力；不同的牧草混播，种间相容性不同；多样性带来稳定性。同时增加了草地的使用范围，减少了建植与管理的成本，降低了对生长环境的要求。由于单播人工草地的使用年限短、稳定性差[2-3]，所以要根据不同种类的牧草对资源利用方式的不同，进行合理搭配，建立混播人工草地。由于鸭茅具有较好的抗旱性，能适应干旱的气候条件，并且鸭茅混播还可以增加地上部生物量和群落根系而不影响白三叶匍匐茎的正常生长[4]。所以近年来鸭茅作为白三叶混播伴生种也受到重视[5]。

白三叶为豆科车轴草属多年生匍匐型草本植物，生长期达5年，高10～30 cm，花果期5—10月，为优良牧草，含丰富的蛋白质和矿物质，抗寒耐热，在酸性和碱性土壤上均能适应[6]。常与禾本科具有良好的共生性，协调性最好的有鸭茅、草地狐茅、草地羊茅、多年生黑麦草。在实际生产中，为了提高初期的产量，与禾本科牧草混播时，常将白三叶作为先锋植物播种。白三叶种子大部分为进口品种，本试验选用品种为海法白三叶。

鸭茅为禾本科鸭茅属多年生草本疏丛型牧草，须根系，密布于10～30 cm的土层内，深的可达1 m以上；鸭茅喜欢温暖、湿润的气候，最适生长温度为10～28 ℃，30 ℃以上发芽率低，生长缓慢。耐热性优于多年生黑麦草、猫尾草和无芒雀麦，抗寒性高于多年生黑麦草，但低于猫尾草和无芒雀麦。对土壤的适应性较广，但在潮湿、排水良好的肥沃土壤或有灌溉的条件下生长最好，比较耐酸，不耐盐渍化，最适土壤 pH 值为 6.0 ~ 7.0。耐阴性较强，在遮阴条件下能正常生长，尤其适合在果园下种植。再生草叶多茎少，基本处于营养生长，其成分与第一次刈割前的孕穗期相近。其钾、磷、钙、镁的含量也随成熟度而下降，铜含量在整个生长期变化不大。鸭茅的必需氨基酸含量高，鸭茅形成大量的茎生叶和基生叶。其营养价值高，鲜草营养期粗蛋白质含量可高达 18.4%，可青饲或调制干草、制作青贮，也可放牧利用。放牧过重时，抑制鸭茅生长，载畜量过轻时，牧草得不到充分利用，形成大的株丛，就会变得粗糙而降低适口性，影响到第二年的返青、分蘖。鸭茅原产欧洲、北非和亚洲温带，后引入全世界温带地区[7]。常见品种有安巴、宝兴、楷模、波特。本试验所用品种为安巴。

白三叶与鸭茅这两个草种均是饲料生产及草地改良中公认的优良牧草，也是保护公路、河堤及防止水土流失的良好草种[8-11]，具有耐旱、耐贫瘠和持久性强等优点，在我国西部地区生态环境治理及草地牧业现代化建设中具有不可替代的作用。在云南、四川、内蒙古、青海、西藏等省区目前均有较大面积栽培[12-18]，并且在云南的部分地区混播效果较好[19]。

白三叶国内外有关混播草地利用的研究不少，但有关阐释混播草地无法长期高效利用、草地退化及产草量下降等原因的研究却很少，仅见有不同种群密度和生产量之间的数量消长关系的报道和白三叶化感作用对黑麦草萌发生长影响的报道[8-9]。目前，对白三叶的研究已经涉及种质资源保存与繁殖[20,21]、生理生化[22]、光合作用[23]和基因工程[24]等领域，而化感作用的研究仅见其对多年生黑麦草、弯叶画眉草、红三叶、紫花地丁、白菜、胡萝卜和四季红萝卜[25]的报道，且对其生长均造成一定程度的影响[26-29]。还有研究表明，鸭茅种子萌发及幼苗生长对紫花苜蓿和紫茎泽兰存在明显的化感响应，且鸭茅对不同浓度的水提液化感作用的感应强度不同[30-31]。

5.1.2 化感作用

化感作用（Allelopathy）近年来受到世界各国科学家的重视，是植物生理生化研究的热点问题之一。植物化感作用，又称他感作用或异株克生作用，指的是一个活体植物通过向环境中释放其生产的某些化学物质，从而影响周围植物的生长发育，这种作用包括促进和抑制两个方面[32]。化感这一概念最早由德国科学家 Molish H. 于 1937 年提出，并把化感定义为：所有类型植物

（含微生物）之间生物化学物质的相互作用，同时指出这种相互作用包括有益和有害两个方面[33]。20世纪80年代中期，Rice E.L.对植物化感作用的定义现在被普遍接受[34]。

5.1.2.1 植物化感物质的释放途径

植物的化感作用是通过向环境释放化感物质而实现的，化感物质存在于植物的根、茎、叶、花、果实和种子中，其存在部位不同释放方式也不同，常见的释放方式有挥发、雨雾淋溶、根系分泌和植物组织腐败。挥发性物质经植物体表直接进入环境产生作用。雨雾等自然水分能够将活体植物的茎、叶、枝干等器官表面的化感物质淋溶出来。植物组织的死亡和损伤可以加速化感物质的淋溶。死亡的植物往往含有亲水性的毒素，可以被迅速地淋溶出来[35]。老的茎叶以及死亡的细胞组织由于环境的腐蚀作用，表面产生裂缝，较新的茎叶更容易被雨雾淋溶出化感物质。同样，具有较大叶面积，能够被水润湿的植物有更多的化感物质被雨雾淋溶到环境中。相反，表面光整或含有蜡质保护层的茎叶，其化感物质不容易被雨雾淋溶到环境中[29]。根系分泌是指健康完整的活体植物的根系，由根组织向土壤中释放化学物质。不同类型的植物根系以及同一根系的不同部位能分泌不同类型和不同浓度的化学物质到土壤中。一般而言，新根和未木质化的根是分泌化学物质的主要场所。自然挥发、雨雾淋溶和根分泌主要是活体植物在生长过程中释放的主要途径。但植物在生长过程中也常常出现植株的新陈代谢、组织损伤而使许多组织死亡，如落叶和残根等，尤其是一年生植物。大部分植株在完成生殖生长后成熟死亡，这些植物残株构成了植物释放化感物质的第四个途径。这些植物残株在环境和土壤的物理化学和生物因子（尤其是微生物）作用下，分解或降解成各类化感物质[31]。

5.1.2.2 化感物质作用的机制

化感物质包括多种分子结构不同的化学物质，因此存在多种作用机制，但总的来说它们都是通过干扰初级代谢过程和生长调节系统来影响植物生长的[32]。有研究结果表明，化感物质的作用方式主要包括以下几点：

化感物质首先作用于植物根细胞的细胞膜，通过细胞膜功能的改变进而影响植物的生理生化代谢活动，最终抑制植物的生长发育[36]。其次，化感物质主要通过抑制线粒体的电子传递和氧化磷酸化两种方式影响植物的呼吸作用[37]。再次，与呼吸作用相比，化感物质对光合作用的影响更为复杂。它可以通过调节生理代谢活动直接影响光合作用，也可以通过改变叶绿素合成间接影响光合作用。最后，化感物质主要通过改变酶的活性，进而影响其功能的发挥。绿原酸、咖啡酸和儿茶酚能够抑制磷酸酶的活性，而单宁则能够抑制 POD 和纤维素酶的活性[38]。生物碱 hapalindole E 和 calothrixin A 能够抑制 RNA 聚合酶的活性，从而抑制 RNA 和蛋白质的合成，后者也抑制 DNA 的复制[38]，同时也影响养分的吸收。

参考文献

[1] 蒋文兰, 任继周. 云贵高原人工草地混播组合的研究 [J]. 草地学报, 1991, 1(1): 28-43.

[2] BARDGETT R D, SHINE A. Linkages between plant litter diversity, soil microbial biomass and ecosystem function in temperate grasslands[J]. Soil Biology and Biochemistry, 1999, 31(2): 317-321.

[3] BOBBINK R. Effects of nutrient enrichment in dutch chalk grassland[J]. The Journal of Applied Ecology, 1991: 28-42.

[4] SANDERSON M A, ELWINGER G F. Plant density and environment effects on white clover mixtures[J]. Crop Science, 2002, 42: 2055-2063.

[5] JENSEN K B, WALDRON B L, ASAY K H, et al. Forage nutritional characteristics of orchardgrass and perennial ryegrass at five irrigation levels[J]. Agronomy Journal, 2003, 95(3): 668-675.

[6] 齐广勋, 王金刚, 杨向东, 等. 白三叶基因工程改良研究进展 [J]. 中国农学通报, 2011, 27(11):1-4.

[7] YANG Z, NIE G, FENG G, et al. Genome-wide identification, characterization, and expression analysis of the NAC transcription factor family in orchardgrass (*Dactylis glomerata* L.)[J]. BMC Genomics, 2021, 22(1): 178.

[8] 周自玮, 孟广涛, 毛熔, 等. 三种多年生牧草保水能力及土壤改良作用的研究 [J]. 中国草地学报, 2006, 8(1): 66-71.

[9] 许清涛, 黄宁, 巴雷, 等. 不同放牧强度下草地植物格局特征的变化 [J]. 中国草地学报, 2007(2): 7-12.

[10] 赵俊权. 18 种引进优良牧草混播草地生产力和群落稳定性及可持续利用研究 [D]. 兰州: 兰州大学, 2007.

[11] 刘贵林, 卢琪, 代志进. 人工草地生态效益的研究 [J]. 贵州畜牧兽医, 2001(5): 38-37.

[12] 耿文诚, 铁云华, 尹忠民, 等. 不同刈割处理对白三叶及杂草盖度的影响 [J]. 中国草地学报, 2007(3): 116-120.

[13] 王元清, 张瑞珍, 何光武, 等. 川东地区白三叶引种适应性试验研究[J]. 草业科学, 2011, 28(2): 255-259.

[14] 钟声, 黄梅芬, 段新慧. 中国西南横断山区的野生鸭茅资源[J]. 植物遗传资源学报, 2010, 11(1): 1-4.

[15] 钟声, 奎嘉祥. 滇西北的温带牧草种质资源[J]. 四川草原, 2000(1): 22-25.

[16] ZHANG X Q, SALOMON B, VON BOTHMER R. Application of random amplified polymorphic DNA markers to evaluate intraspecific genetic variation in the Elymus alaskanus complex (Poaceae)[J]. Genetic Resources and Crop Evolution, 2002, 49(4): 399-409.

[17] ZENG B, ZHANG X Q, LAN Y, et al. Evaluation of genetic diversity and relationshipsin orchardgrass (*Dactylis glomerata* L.) germplasm based on SRAP markers[J]. Canadian Journal of Plant Science, 2008, 88(1): 53-60.

[18] 徐倩, 才宏伟, 刘艺杉, 等. 16个国外鸭茅种质材料引种与初步评价[J]. 草业科学, 2011, 28(4): 597-602.

[19] 袁福锦, 奎嘉祥, 匡崇义. 云南人工草地建植技术概述[J]. 四川草原, 2005(6): 20-22.

[20] 殷秀杰, 燕昌江, 李凤兰, 等. 混合盐碱胁迫对白三叶种子萌发的影响[J]. 东北农业大学学报, 2009, 40(12): 58-61.

[21] 叶瑞卿, 黄必志, 袁希平, 等. 白三叶种子生产关键技术研究[J]. 云南农业大学学报, 2008, 23(4): 452-457.

[22] 贾文庆, 刘会超. NaCl胁迫对白三叶一些生理特性的影响[J]. 草业科学, 2009, 26(8): 187-189.

[23] 安慧, 上官周平. 光照强度和氮水平对白三叶幼苗生长与光合生理特性的影响[J]. 生态学报, 2009, 29(11): 6017-6024.

[24] 李志亮, 邢浩春, 杨清, 等. 白三叶转基因研究进展[J]. 北方园艺, 2009(7): 149-152.

[25] 张来, 张显强. 白三叶提取液对3种植物种子萌发和幼苗生长的影响[J]. 种子, 2011, 30(2): 21-25.

[26] 郭孝. 三种牧草不同组合播种效果的研究[J]. 草业科学, 1998, 15(5): 18-21.

[27] 孙文浩, 余叔文. 相生相克效应及其应用[J]. 植物生理学通讯, 1992, 28(2): 81-87.

[28] 韩丽梅, 沈其荣, 鞠会艳, 等. 大豆地上部水浸液的化感作用及化感物质的鉴定[J]. 生态学报, 2002, 22(9): 1425-1432.

[29] 韩庆华, 马永清. 小麦秸秆中生化他感化合物的研究概况[J]. 生态农业研究, 1994, 2(4): 73-78.

[30] 李绍文. 生态生物化学(二): 高等植物之间的生化关系[J]. 生态学杂志, 1989, 8(1):

66–70.

[31] SEIGLER D S. Chemistry and mechanisms of allelopathic interactions[J]. Agronomy Journal, 1996, 88(6): 876–885.

[32] 税军峰, 张玉琳, 马永清. 白三叶对黑麦草、弯叶画眉草的化感作用初探[J]. 草业科学, 2007, 24(1): 48–51.

[33] OOKA J K, OWENS D K. Allelopathy in tropical and subtropical species[J/OL]. Phytochemistry Reviews, 2018, 17(6): 1225–1237.

[34] RICE E L. Allelopathy[J]. Encyclopedia of Entomology, 1984(1): 292–293.

[35] 谢苑. 白三叶水浸液对高羊茅化感作用的物候规律研究[D]. 成都: 四川农业大学, 2009.

[36] EINHELLIG F A. Allelopathy: current status and future goals[M/OL]//ACS Symposium Series, Allelopathy, 1994: 1–24.

[37] BALKE N E. Effects of allelochemicals on mineral uptake and associated physiological processes[M]. ACS Symposium Series, The Chemistry of Allelopathy, 1985: 161–178.

[38] THANH DOAN N, RICKARDS R W, ROTHSCHILD J M, et al. Allelopathic actions of the alkaloid 12-epi-hapalindole E isonitrile and calothrixin A from cyanobacteria of the genera Fischerella and Calothrix[J]. Journal of Applied Phycology, 2000, 12(3): 409–416.

5.2 返青期白三叶化感作用对鸭茅种子萌发和幼苗生长的影响

白三叶为豆科车轴草属多年生匍匐型草本植物，鸭茅为禾本科鸭茅属多年生草本疏丛型牧草。这两个草种均是建植人工草地的优质牧草，也是防护道路及防止水土流失的优质草种，且有生长迅速，覆盖力强，耐贫瘠和持久性较强等优点，在我国现代草牧业建设及西部地区生态环境治理中具有不可替代的作用[1-3]。目前我国西南、西北地区等省区均有较大面积的栽培[4-8]。研究指出，白三叶存在较强的化感作用[9]，对多年生黑麦草、弯叶画眉草、红三叶的生长造成一定程度的影响[10,11]。白三叶与鸭茅混播建植人工草地历史悠久，应用广泛[12-16]，是云贵高原最常见的人工草地混播组合类型[13,15]，且二者混播生长表现良好[12-13,16-18]，利用年限可长达30多年[15]。白三叶＋鸭茅混播草地建植时，两个草种通常为同期播种，在草地利用过程中还会根据实际情况进行同时补播[13,18-19]。种子萌发和幼苗生长是草地建植成功与否的关键时期。而有关白三叶对鸭茅是否存在化感作用鲜见报道，因此本试验探讨了返青期白三叶不同部位水浸提液对鸭茅种子萌发和幼苗生长的影响，旨在为人工混播草地成功建植和高效持久利用提供科学的指导依据。

5.2.1 材料与方法

5.2.1.1 试验材料

供体植物白三叶采自云南省草地动物科学研究院昆明小哨示范草场，该草场为白三叶+鸭茅混播草地，已种植3年。受体植物安巴鸭茅种子购自百绿公司。

5.2.1.2 试验方法

（1）样品采集和处理

白三叶返青期采集新鲜植株，带回实验室剔除腐叶、枯叶后，用清水快速冲洗，再用无菌蒸馏水冲洗直至干净，用无菌滤纸吸干水分。将白三叶的根、茎、叶分离，分别剪成1~2 cm小段备用。

（2）水浸提液制备

把洗净、剪好的白三叶根、茎、叶样品分别称量后放入锥形瓶，按1 g样品鲜重4 mL无菌蒸馏水的比例配制，配制后的溶液放于18~20 ℃室温下振荡浸泡48 h，然后过滤得到浓度为0.25 g/mL的浸提液母液；将母液用无菌蒸馏水稀释为0.001 g/mL、0.005 g/mL、0.01 g/mL、0.05 g/mL、0.10 g/mL、0.15 g/mL、0.20 g/mL浓度后，保存于4 ℃冰箱。

（3）试验方法

在每个灭菌的培养皿（Φ = 9 cm）铺2层滤纸，分别加各部位不同浓度水浸提液浸湿滤纸，无菌蒸馏水设为对照，每个处理4次重复。每皿摆放100粒颗粒饱满、大小均匀、经1% NaClO消毒15 min的鸭茅种子，上盖，用封口膜封好。将培养皿置于光照培养箱中20 ℃黑暗培养3 d，从第4 d起在25 ℃光照10 h、20 ℃黑暗14 h条件下培养，并每日开盖透气15 min，记录发芽数（胚根突破种皮1~2 mm时为萌发）；每3 d补充3 mL水浸提液或无菌蒸馏水1次。第7 d分别随机从每个培养皿里抽取10~15株幼苗（高浓度处理只能测到4~5株的数据）测定其幼根、幼苗长（取出后不放回培养皿）。试验共16 d，试验结束后计算发芽率。

发芽率（%）=（发芽的种子数/供试种子总数）×100

发芽势（%）=（7 d正常发芽的种子数/供试种子总数）×100

化感作用抑制率（inhibitory rate, IR）:

$$IR(\%) = (T_i - T_0) \div T_0 \times 100$$

式中：T_i 为测试项目的处理值，T_0 为对照值。$IR \geq 0$ 表示具有促进作用，$IR < 0$ 表示具有抑制作用。IR 的绝对值越大，其化感作用潜力（促进或抑制作用）越大[20]。

5.2.1.3 数据分析

采用 SPSS 17.0 进行二因素方差分析，多重比较采用 Duncan's 法；Sigmaplot 10.0 作图。

5.2.2 结果与分析

5.2.2.1 白三叶不同水浸提液对鸭茅种子发芽率、发芽势的影响

由表 5-1 可知，返青期白三叶茎、叶及根水浸提液对鸭茅发芽的影响差异极显著（$P < 0.01$），无论是鸭茅发芽势还是发芽率，随着白三叶各部位水浸提液浓度的增加均呈现出降低趋势；在浓度 0.05～0.20 g/mL 时，根、茎、叶水浸提液对鸭茅的发芽率和发芽势均表现出抑制作用，且在高浓度 0.15 g/mL 和 0.20 g/mL 时，鸭茅种子受到极其严重的抑制，发芽势和发芽率均为 0，化感抑制率均为 –100%。除根水浸提液外，叶和茎水浸提液均在低浓度 0.001～0.01 g/mL 时对鸭茅种子发芽势的影响与对照差异不显著，而在高浓度（≥ 0.05 g/mL）处理下，所有供试部位水浸提液处理下的鸭茅发芽势均极显著低于对照处理（$P < 0.01$），表明白三叶不同部位水浸提液均在高浓度（≥ 0.05 g/mL）处理下对鸭茅种子萌发产生明显的抑制作用，化感抑制率为 –100%～–43%。而根水浸提液对鸭茅发芽势的响应比对茎叶水浸提液的响应更为敏感，在低浓度 0.001 g/mL 时就开始表现出极显著的受抑反应（$P < 0.01$），≥ 0.001 g/mL 浓度下发芽势均极显著低于对照（$P < 0.01$）。表明鸭茅发芽势对返青期白三叶不同部位水浸提液的响应不一致，对茎叶水浸提液的响应模式为低浓度（0.001～0.01 g/mL）无明显影响，高浓度（≥ 0.05 g/mL）抑制，对根水浸提液则表现出整体受抑的响应。

与发芽势相似，返青期白三叶茎、叶及根水浸提液对鸭茅发芽率的影响差异也极显著（$P < 0.01$）。除根水浸提液外，叶和茎水浸提液均在低浓度 0.001～0.005 g/mL 时对鸭茅发芽率的影响与对照差异不显著，而当浓度 ≥ 0.01 g/mL 时，鸭茅发芽率开始显著低于对照处理（$P < 0.05$），表明浓度 ≥ 0.01 g/mL 的水浸提液对鸭茅种子萌发产生明显的抑制作用，化感抑制率为 –100%～–10%。而鸭茅发芽率对根水浸提液的响应要滞后于对叶和茎水浸

提液的响应,这与发芽势的响应正好相反;在浓度为 0.05 g/mL 时,才开始表现出极显著的受抑反应($P < 0.01$),浓度 ≥ 0.05 g/mL 时发芽率均极显著低于对照($P < 0.01$),化感抑制率为 -100% ~ -39%。表明鸭茅发芽率对白三叶不同部位水浸提液的响应不一致,表现为低浓度(0.001 ~ 0.005 g/mL)无明显影响,高浓度(≥ 0.01 g/mL)抑制;但整体对茎叶水浸提液的响应较对根水浸提液的响应敏感,茎叶水浸提液在浓度 0.01 g/mL 时,鸭茅发芽率就开始表现出受抑响应,而根水浸提液对鸭茅发芽率影响是在浓度 0.05 g/mL 时才开始表现出抑制作用。

表 5-1 白三叶茎、叶及根水浸提液对鸭茅种子发芽率、发芽势的影响

浓度 (g/mL)	发芽势 (%)						发芽率 (%)					
	叶		茎		根		叶		茎		根	
	平均值	IR	平均值	IR	平均值	IR	平均值	IR	平均值	IR	平均值	IR
0.000	60.33^{ABab}	0	60.33^{Aa}	—	60.33^{Aa}	—	77.33^{ABa}	—	77.33^{ABa}	—	77.33^{Aa}	—
0.001	54.00^{ABbc}	-10	50.00^{Aab}	-17	48.00^{Bb}	-20	80.67^{Aa}	4	76.00^{ABa}	-2	78.67^{Aa}	2
0.005	50.67^{Bbc}	-16	61.33^{Aa}	2	38.67^{Cc}	-36	79.00^{ABa}	2	80.00^{Aa}	3	75.33^{Aa}	-3
0.010	62.75^{Aa}	4	53.50^{Aab}	-11	25.75^{Dd}	-57	69.33^{BCb}	-10	67.25^{BCb}	-13	75.75^{Aa}	-2
0.050	30.00^{Cd}	-50	28.00^{Bc}	-54	23.50^{Dd}	-61	63.00^{Cb}	-19	58.25^{Cc}	-25	47.50^{Bb}	-39
0.100	7.25^{De}	-88	34.50^{Bc}	-43	0.75^{Ee}	-99	14.00^{Dc}	-82	64.25^{Cbc}	-17	1.00^{Cc}	-99
0.150	0.00^{De}	-100	0.00^{Cd}	-100	0.00^{Ee}	-100	0.00^{Ed}	-100	0.00^{Dd}	-100	0.00^{Cc}	-100
0.200	0.00^{De}	-100	0.00^{Cd}	-100	0.00^{Ee}	-100	0.00^{Ed}	-100	0.00^{Dd}	-100	0.00^{Cc}	-100

注:不同大写字母表示差异极显著($P < 0.01$),不同小写字母表示差异显著($P < 0.05$)。下同。

5.2.2.2 白三叶叶水浸提液对鸭茅幼苗长和幼根长的影响

由图 5-1 可知,白三叶不同浓度叶水浸提液对鸭茅幼苗的生长产生极显著影响($P < 0.01$),鸭茅幼苗长和幼根长对不同浓度叶水浸提液浓度的响应不一致。幼苗长度随着叶水浸提液浓度的增加表现出先增加后降低的趋势,低浓度 0.001 ~ 0.05 g/mL 下幼苗长度极显著高于对照($P < 0.01$);在浓度 0.10 g/mL 时,鸭茅幼苗长出现急剧下降趋势且极显著低于对照($P < 0.01$),≥ 0.10 g/mL 浓度时鸭茅幼苗伸长受到严重的抑制($P < 0.01$)。而幼根长度随着浓度的增加则表现出降低趋势,其对浓度的响应整体较幼苗长度的响

应敏感，在浓度 0.05 g/mL 时就开始表现出极显著的受抑现象（$P < 0.01$），≥ 0.05 g/mL 浓度对鸭茅幼根生长造成极严重的抑制（$P < 0.01$）。表明鸭茅幼苗长度对白三叶叶水浸提液表现出低浓度（0.001~0.05 g/mL）促进，高浓度（≥ 0.10 g/mL）抑制的响应，而幼根长度则表现出低浓度（0.001~0.01 g/mL）无显著影响，高浓度（≥ 0.05 g/mL）受抑的响应；且幼苗对浓度的响应整体滞后于幼根。

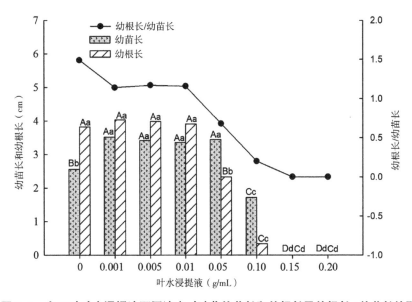

图 5-1　白三叶叶水浸提液不同浓度对鸭茅幼苗长和幼根长及幼根长/幼苗长的影响

随着白三叶叶水浸提液浓度的不断升高，鸭茅幼根长/幼苗长整体表现出降低的趋势。在低浓度（0.001~0.01 g/mL）时，幼根长/幼苗长 > 1，即幼根长 > 幼苗长；而在高浓度（0.05~0.20 g/mL）时，鸭茅幼根长/幼苗长 < 1。表明白三叶叶水浸提液不仅影响鸭茅幼苗和幼根的伸长，对鸭茅植株形态也产生显著影响，高浓度（≥ 0.05 g/mL）时造成植株头重脚轻的不稳状态，这将会对鸭茅幼苗的后续生长造成严重影响。

5.2.2.3　白三叶茎水浸提液对鸭茅幼苗长和幼根长的影响

由图 5-2 可知，白三叶不同浓度茎水浸提液对鸭茅幼苗的生长产生极显著影响（$P < 0.01$），且随着白三叶茎浸提液浓度的升高，鸭茅幼苗长和幼根长均表现出先增加后降低的趋势。鸭茅幼苗长在低浓度 0.001~0.05 g/mL 时极显著高于对照和其他浓度（$P < 0.01$）；在浓度 0.10 g/mL 时与对照差异不显

著；在浓度 0.15 g/mL 时急剧下降且与对照差异极显著（$P < 0.01$）。而鸭茅幼根长在低浓度 0.001～0.01 g/mL 时极显著高于对照和其他浓度（$P < 0.01$）；$\geq$ 0.05 g/mL 时极显著低于对照（$P < 0.01$）。鸭茅幼根长在白三叶茎水浸提液浓度为 0.05 g/mL 时，开始表现出极显著的受抑现象（$P < 0.01$）；而鸭茅幼苗长则是在茎水浸提液浓度为 0.15 g/mL 时才开始表现出受抑反应。这表明鸭茅幼苗和幼根伸长对白三叶茎水浸提液的响应均为"低促高抑"，鸭茅幼苗长表现为"低浓度（0.001～0.05 g/mL）促进，高浓度（$\geq$ 0.15 g/mL）抑制"；幼根长表现为"低浓度（0.001～0.01 g/mL）促进，高浓度（$\geq$ 0.05 g/mL）抑制"，且鸭茅幼根对白三叶茎水浸提液的敏感性要高于幼苗。

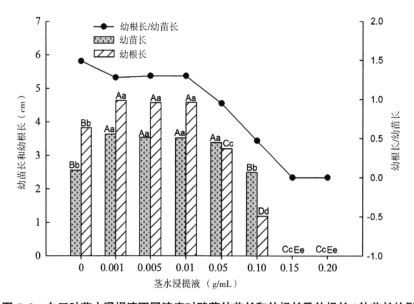

图 5-2　白三叶茎水浸提液不同浓度对鸭茅幼苗长和幼根长及幼根长/幼苗长的影响

与叶水浸提液相似，随着白三叶茎水浸提液浓度的不断升高，鸭茅幼根长/幼苗长整体表现出降低趋势，在低浓度（0.001～0.01 g/mL）时，鸭茅幼根长/幼苗长均大于 1；在浓度 $\geq$ 0.05 g/mL 开始，鸭茅幼根长/幼苗长小于 1，较对照减少了 24%，这表明高浓度（$\geq$ 0.05 g/mL）茎水浸提液对鸭茅植株形态产生明显的影响，造成植株头重脚轻的现象。且在白三叶茎水浸提液浓度为 0.15 g/mL 和 0.20 g/mL 时，鸭茅受到严重抑制，导致其种子未萌发。

5.2.2.4　白三叶根水浸提液对鸭茅幼苗长和幼根长的影响

由图 5-3 可见，白三叶不同浓度根水浸提液对鸭茅幼苗生长产生极显著的抑制作用（$P < 0.01$），且随着根水浸提液浓度的升高，鸭茅幼苗长和幼根长均表现出降低趋势。鸭茅幼苗长在低浓度（0.001～0.05 g/mL）时与对照差异不显著，在 ≥ 0.10 g/mL 浓度时极显著低于对照（$P<0.01$）。而幼根长在浓度 0.05 g/mL 时，表现出极显著的受抑现象（$P < 0.01$）。表明鸭茅幼苗和幼根伸长对白三叶根水浸提液的响应较一致，响应模式为"低浓度（0.001～0.01 g/mL）无影响，高浓度（≥ 0.05 g/mL）抑制"；且鸭茅幼根对白三叶根水浸提液的敏感性要高于幼苗。

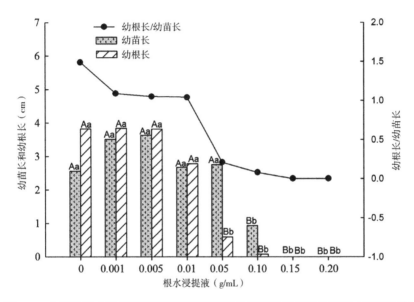

图 5-3　白三叶根水浸提液不同浓度对鸭茅幼苗长和幼根长及幼根长/幼苗长的影响

随着白三叶根水浸提液浓度的不断升高，鸭茅幼根长/幼苗长表现出降低趋势，低浓度（0.001～0.01 g/mL）时，鸭茅幼根长/幼苗长均大于1；从浓度 0.05 g/mL 到浓度 0.10 g/mL，鸭茅幼根长/幼苗长呈现急剧下降的趋势，之后呈缓慢下降趋势。这表明高浓度（≥ 0.05 g/mL）根水浸提液对鸭茅植株形态产生明显的影响，严重抑制幼苗和幼根的伸长。

5.2.3　讨论

化感作用有促进和抑制两个方面[21, 22]，是植物实现竞争优势的重要手段之一[23, 24]。Jonsson 等[25]研究指出化感作用很可能是生物间捕食与被捕食、寄生与被寄生相互作用的一种非适应性副效应。通常化感作用通过对受体植物的种子萌发和幼苗生长等生长发育产生抑制或促进作用来实现其对受体植株的化感影响[13, 16, 26]。化感物质主要来源于供体植物的地上部分以及凋落物的挥发、淋溶及地下根系的分泌和植株残体的腐烂分解[27-29]，且供体植物通过挥发、淋溶、分解和分泌等途径将化感物质释放到环境中，对周围的生物产生直接或间接的作用，进而为化感供体植物生长创造更好的条件[1, 15]。研究指出，白三叶水浸提液中含有对羟基苯甲酸等酚酸类物质，且其腐解液中含有带邻、间位羟基的酚类物质，这些活性化感物质对多年生黑麦草、高羊茅、紫羊茅、匍匐剪股颖和草地早熟禾种子萌发产生"低促高抑"的双重浓度效应[30, 31]。

本研究中，鸭茅种子发芽势对白三叶根水浸提液所有供试浓度均表现出受抑响应，而对白三叶茎叶水浸提液则表现为"低浓度无明显影响，高浓度明显抑制"的响应；鸭茅发芽率对白三叶各部位水浸提液均表现出低浓度无明显影响，高浓度抑制的响应。这与紫花苜蓿茎叶水浸提液对受体植物多花黑麦草、高羊茅、白三叶和红三叶，芦苇水浸提液对受体植物藜草，海法白三叶水浸提液对杂三叶、哈默大叶红三叶、二倍体鸭茅等种子萌发的影响研究结果相似[32-34]。而刘桂霞等[28]研究指出艾蒿茎叶水浸提液对冰草和披碱草种子萌发的化感作用不明显，这与本研究的结果不同。表明化感作用不仅与受体植物种类有关，同时与供体植物本身也有关联。

白三叶对白菜、紫花地丁[34]幼苗生长的化感作用表现为抑制效应；紫花苜蓿茎叶水浸提液对多花黑麦草、高羊茅、白三叶、红三叶等苗长和根长产生明显的抑制作用，且随着浓度的升高而加强[32]，这与本研究结果不同，白三叶茎叶水浸提液对鸭茅幼苗苗长表现为"低促高抑"作用。而冷蒿茎叶水浸提液对糙隐子草幼苗根长有"低促高抑"的作用，且幼苗根的敏感性大于苗[35]，这与本研究中鸭茅幼根对茎水浸提液的响应相似。白三叶腐解液对多花黑麦草等禾本科牧草[31]及大蓟对黄瓜、油菜化感研究[36]均得出"低促高抑"的作用，这与本研究茎叶水浸提液的研究相似。这可能是白三叶不同部位水浸提液中的化感物质通过对鸭茅幼苗叶片和根系细胞生长和分化的影响而实现的，且不同部位的化感效应不同，表现为"低浓度（0.001～0.01 g/mL）促进或无影响，高浓度（≥0.10 g/mL）抑制的响应"[29, 30, 37, 38]。

刘桂霞等[28]研究指出冰草与披碱草幼苗生长期对艾蒿化感作用的敏感性强于种子萌发期，这与本研究结果不同。本研究中，鸭茅种子萌发期对白三叶化感作用的敏感性整体上要强于鸭茅幼苗，发芽势和发芽率在高浓度（≥ 0.05 g/mL）均表现出受抑反应，而鸭茅幼苗生长则在≥ 0.10 g/mL 浓度时，才表现出受抑反应，且鸭茅幼苗伸长对茎叶水浸提液低浓度（0.001～0.05 g/mL）均表现出促进作用。梁静等[31]研究指出，化感物质的含量往往与供体植物的生育期密切相关，且生殖生长时期的化感作用强于营养生长期。

鸭茅种子萌发期对白三叶化感的敏感性强于其幼苗生长期，这或许可以解释，白三叶存在化感作用，却与鸭茅能够良好混播建植的现象。考虑到白三叶对鸭茅存在一定程度的化感作用，且本试验为室内控制试验，今后需进一步探讨白三叶和鸭茅不同混播比例条件下，鸭茅对白三叶化感作用的响应机制，以使白三叶的化感作用在鸭茅＋白三叶混播草地建植和高效利用中发挥有利的作用。

5.2.4 结论

本研究得出，返青期的白三叶根、茎、叶水浸提液对鸭茅种子萌发和幼苗生长及形态构成存在一定的化感作用。其中，鸭茅种子发芽势对白三叶根水浸提液所有供试浓度均表现出受抑响应，对茎叶水浸提液仅在高浓度（≥ 0.05 g/mL）时表现出受抑响应；鸭茅种子发芽率对白三叶不同部位水浸提液均表现出"低浓度（0.001～0.005 g/mL）无明显影响，高浓度（≥ 0.01 g/mL）抑制"的响应；鸭茅幼苗生长对白三叶茎、叶及根水浸提液表现出低浓度促进或无影响，高浓度（≥ 0.10 g/mL）抑制的反应。鸭茅种子萌发期对白三叶化感响应的敏感性要强于其幼苗生长期，且无论是鸭茅种子萌发期还是幼苗生长期鸭茅均是对白三叶根浸提液化感的响应要比茎叶浸提液更为敏感。这表明，鸭茅和白三叶混播建植中，化感作用发挥着一定的功能，只有精确掌握白三叶的化感机理，才能实现鸭茅＋白三叶混播草地的可持续高效利用。

参考文献

[1] 周自玮, 孟广涛, 毛熔, 等. 三种多年生牧草保水能力及土壤改良作用的研究 [J]. 中国草地学报, 2008, 30(1): 66–71.

[2] 许清涛, 黄宁, 巴雷, 等. 不同放牧强度下草地植物格局特征的变化 [J]. 中国草地学报, 2007, 29(2): 7–12.

[3] 赵俊权. 18 种引进优良牧草混播草地生产力和群落稳定性及可持续利用研究 [D]. 兰州: 兰州大学, 2007.

[4] 耿文诚,铁云华,尹忠民,等.不同刈割处理对白三叶及杂草盖度的影响[J].中国草地学报,2007,29(3):116-120.

[5] 王元清,张瑞珍,何光武,等.川东地区白三叶引种适应性试验研究[J].草业科学,2011,28(2):255-259.

[6] 钟声,黄梅芬,段新慧.中国西南横断山区的野生鸭茅资源[J].植物遗传资源学报,2010,11(1):1-4.

[7] ZENG B, ZHANG X Q, LAN Y, et al. Evaluation of genetic diversity and relationships in orchardgrass (*Dactylis glomerata* L.) germplasm based on SRAP markers [J]. Canadian Journal of Plant Science, 2008, 88(1): 53-60.

[8] 徐倩,才宏伟,刘艺杉,等.16个国外鸭茅种质材料引种与初步评价[J].草业科学,2011,28(4):597-602.

[9] 白雪芳,张宝琛.植物化学生态学中的克生作用在草业上的表现[J].草业科学,1995,12(12):70-72.

[10] 税军峰,张玉琳,马永清.白三叶对黑麦草、弯叶画眉草的化感作用初探[J].草业科学,2007,24(1):48-51.

[11] 李志华,沈益新,薛萍,等.黑麦草、草地早熟禾、剪股颖和白三叶草的化感作用初探[J].中国草地,2003,25(1):31-38.

[12] SANDERSON M, ELWINGER G. Plant density and environment effects on orchardgrass-white clover mixture [J]. Crop Science, 2002, 42(6): 2055-2063.

[13] 蒋建生.滇东北低山丘陵白三叶-鸭茅混播人工草地肉牛放牧系统优化研究[D].兰州:甘肃农业大学,2002.

[14] 黄顶,张英俊,韩建,等.白三叶、多年生黑麦草和鸭茅光合生理生态特性研究[J].中国农业大学学报,2006,11(2):44-48.

[15] 李莉,王元素,洪绂曾,等.喀斯特地区长期草地利用制度对群落稳定性的影响[J].生态环境学报,2011(S2):1204-1208.

[16] JENSEN K B, WALDRON B L, ASAY K H, et al. Forage nutritional characteristics of orchardgrass and perennial ryegrass at five irrigation levels [J]. Agronomy Journal, 2003, 95(3): 668-675.

[17] 袁福锦,吴文荣,金显栋,等.鸭茅+白三叶型混播放牧草地肉牛生产系统优化研究[J].草业科学,2011,28(9):1706-1710.

[18] 陈朝伟.鸭茅混播草地的建植管理利用技术措施[J].贵州畜牧兽医,2006,30(3):39.

[19] 赵相勇,孟军江,周礼伦.放牧强度对当年生混播草地和绵羊生产性能的影响[J].西南农业学报,2011,24(4):1543-1544.

[20] LIN W X, KIM K U, SMIN D H. Rice allelopathic potential and its modes of action on barnyard grass (*Echinochloa crusgalli*) [J]. Allelopathy, 2000, 7(2): 215-224.

[21] 孔垂华,胡飞. 植物化感相生相克作用及其应用 [M]. 北京:中国农业出版社,2001:94-108.

[22] 孔垂华. 植物化感作用研究中应注意的问题 [J]. 应用生态学报,1998, 9(3): 332-336.

[23] 贾海江,李先琨,唐赛春,等. 紫茎泽兰对三种岩溶地区木本植物种子萌发的化感作用 [J]. 广西植物, 2009, 29(5): 631-634, 639.

[24] 桂富荣,蒋智林,金吉斌,等. 紫茎泽兰化感作用对 9 种草本植物种子萌发的影响 [J]. 生物安全学报, 2011, 20(4): 331-336.

[25] JONSSON P R, PAVIA H, TOTH G. Formation of harmful algal blooms cannot be explained by allelopathic interactions [J]. PNAS, 2009, 106(27): 11177-11182.

[26] 李巧峡,张丽娟,师晓晓,等. 化感物质对莴苣种子萌发和幼苗生长的影响 [J]. 西北师范大学学报:自然科学版, 2012, 48(2): 74-77.

[27] 李发林,郑域茹,林晓兰,等. 果园草被残体浸提液对日本草种子发芽与幼苗生长的化感效应 [J]. 热带作物学报, 2012, 33(2): 290-295.

[28] 刘桂霞,王静,王谦谦,等. 艾蒿水浸提液对冰草和披碱草种子萌发及幼苗生长的化感作用 [J]. 河北大学学报:自然科学版, 2012, 32(1): 81-86.

[29] 李志宏,秦勇,彭思健,等. 加工番茄植株残体腐解物化感作用的研究 [J]. 中国农学通报, 2008, 24(6): 306-309.

[30] 邬彩霞,李志华,沈益新. 豆科牧草水浸液的酚酸物质含量及化感潜力 [J]. 草地学报, 2007, 15(5): 401-406.

[31] 梁静,程智慧,徐鹏,等. 白三叶腐解液对 5 种草坪草的化感作用研究 [J]. 草地学报, 2011, 19(2): 257-263, 287.

[32] 李志华,沈益新. 紫花苜蓿化感作用的研究 [J]. 草业科学, 2005, 22(12): 33-36.

[33] 付为国,田远飞,汤涓涓,等. 芦苇浸提液对藨草种子萌发及幼苗生长生理特性的影响 [J]. 广西植物, 2013, 33(2): 154-158.

[34] 张来,张显强. 白三叶提取液对 3 种植物种子萌发和幼苗生长的影响 [J]. 种子, 2011, 30(1): 21-24.

[35] 李雪枫,王坚,许文博,等. 冷蒿对三种禾本科植物种子萌发和幼苗生长的化感作用 [J]. 应用生态学报, 2010, 21(7): 1702-1708.

[36] 李海亮,马蓉,邵文霞. 大蓟水浸液对几种作物幼苗的化感作用 [J]. 甘肃联合大学学报:自然科学版, 2013, 27(5): 58-60.

[37] NISHIDA N, TAMOTSU S, NAGATA N, et al. Allelopathic effects of volatile

monoterpenoids produced by Salvia leucophylla: inhibition of cell proliferation and DNA synthesis in the root apical meristem of *Brassica campestris* seedlings [J]. Journal of Chemical Ecology, 2005, 31(5):1187-1203.
[38] 海棠,胡跃高,曾绍海,等.草原 2 号杂花苜蓿浸提液对 4 种牧草种子萌发的影响 [J]. 草地学报, 2010, 18(5): 719-725.

5.3 返青期白三叶化感作用对鸭茅幼苗生理参数的影响

白三叶与鸭茅均是饲料生产及草地建植和改良中的优良牧草,也是保护公路、河堤及防止水土流失的良好草种[1-4]。这两个草种具有耐旱、耐贫瘠和持久性强等优点,在我国西部地区生态环境治理及草地畜牧业可持续发展中具有不可替代的作用,在云南、四川、内蒙古、青海、西藏、甘肃、新疆及江西等省区目前均有较大面积栽培[5-11]。

化感作用近年来受到世界各国科学家的重视,是植物生理生化研究的热点之一。植物化感作用,又称他感作用或异株克生作用,包括促进和抑制两个方面[12,13],在植物中广泛存在[14-16]。有研究指出白三叶存在一定的化感潜力,其对多年生黑麦草、弯叶画眉草、红三叶的生长造成一定程度的影响[17-20]。白三叶+鸭茅混播草地在我国西南地区有着广泛应用,是草地建植中的常见组合[21-27]。而有关白三叶对鸭茅是否存在化感作用鲜见报道,因此本研究探讨了返青期白三叶不同部位水浸提液对鸭茅幼苗的化感影响,旨在明确白三叶+鸭茅混播草地建植过程中白三叶化感作用的机理,为系统、全面、高效建植和利用人工草地,防止人工草地退化,混播人工草地建植提供科学有力的指导依据。

5.3.1 材料与方法

5.3.1.1 试验材料

供体植物白三叶采自云南省草地动物科学研究院昆明小哨试验基地。受体植物鸭茅安巴种子购自百绿公司。

5.3.1.2 试验方法

(1)样品采集和处理

采集返青期白三叶新鲜植株,带回实验室剔除腐叶、枯叶后,用清水快速冲洗,再用无菌蒸馏水冲洗,直到冲洗干净,用无菌滤纸轻轻吸干水分。

将白三叶的根、茎、叶分离，分别剪成 1～2 cm 小段，备用。

（2）水浸提液制备

把洗净、剪好的白三叶根、茎、叶样品分别称量后放入锥形瓶，按 1 g 样品鲜重 4 mL 无菌蒸馏水的比例配制，配制后的溶液放置于 18～20 ℃室温下震荡浸泡 48 h，然后过滤得到浓度为 0.25 g/mL 的水浸提液母液[28, 29]；将母液用无菌蒸馏水稀释为 0.005 g/mL、0.01 g/mL、0.05 g/mL、0.10 g/mL 和 0.15 g/mL 浓度后，保存于 4 ℃冰箱。

（3）试验方法

在铺有 3 层无菌滤纸的发芽盘里培育鸭茅种子，当幼苗长到 4～5 cm 时移入事先已打孔的泡沫板（1 cm 厚，40 孔），并置于装有 800 mL 全浓度霍格兰德（Hoagland）营养液[30]的发芽盒（19 cm×13.5 cm×8 cm）。每 3 d 更换一次营养液，更换 3 次营养液后分别用配制好的各浓度水浸提液 800 mL 替换营养液，并在 800 mL 处做好水面标记，无菌蒸馏水作为对照。将发芽盒放在人工气候箱（一恒 MGC-350）中，20 ℃黑暗 14 h，25 ℃全光照 10 h。每个处理 3 次重复。每天补充蒸发掉的无菌蒸馏水，以水位达到发芽盒上水面记号为准。每天观察发芽盒里的幼苗变化并做好记录。培养 10 d 后，测定其抗逆生理指标：REL、MDA、脯氨酸、SOD、POD、CAT[31-33]。

5.3.1.3 数据处理

采用 SPSS 17.0 统计分析软件进行方差分析。

5.3.2 结果分析

5.3.2.1 白三叶根、茎、叶水浸提液对鸭茅幼苗 REL 的影响

REL 的高低反映了植物抗逆性的强弱。由表 5-2 可见，白三叶不同部位不同浓度水浸提液对鸭茅幼苗的 REL 存在显著的影响（$P < 0.05$）。其中，根和茎浸提液，均是高浓度（0.05～0.15 g/mL）处理极显著高于对照处理（$P < 0.01$），而低浓度（0.005～0.01 g/mL）与对照差异不显著（$P > 0.05$），且随着浓度的增加，鸭茅幼苗的 REL 表现出先增加后降低的趋势，在 0.10 g/mL 处理下的 REL 最高，为 65.50%，显著高于其他处理（$P < 0.05$）；而茎浸提液下，鸭茅幼苗 REL 整体呈增加趋势。而叶浸提液与茎浸提液相似，随着浓度的增加，鸭茅幼苗 REL 也整体呈现增加趋势，但只有最高浓度 0.15 g/mL 下鸭茅 REL 显著高于对照处理（$P < 0.05$），而其余浓度与对照差异不显著（$P > 0.05$）。表明白三叶不同部位水浸提液对鸭茅幼苗 REL 的影响不同，其中

根和茎的影响明显高于叶。且同一部位不同浓度对鸭茅幼苗 REL 的影响也不同，高浓度下 REL 增加，表面细胞选择透过能力降低，电解质外溢，对鸭茅幼苗生长起抑制作用，低浓度化感作用不显著。

表 5-2　白三叶根、茎、叶水浸提液对鸭茅幼苗 REL、MAD、脯氨酸的影响

浸提液浓度（g/mL）	REL（%）	MDA 含量（nmol/g）	脯氨酸含量（µg/g）
根			
0（CK）	23.73^{dC}	3.62^{dC}	56.40^{bBC}
0.005	25.83^{dBC}	4.47^{cdC}	35.03^{bC}
0.01	23.00^{dC}	5.52^{cdC}	66.13^{bBC}
0.05	34.56^{cB}	7.74^{cC}	52.07^{bBC}
0.10	65.50^{aA}	16.93^{bB}	296.53^{aA}
0.15	58.13^{bA}	22.68^{aA}	251.25^{bAB}
茎			
0（CK）	23.73^{bB}	3.62^{b}	56.40^{cB}
0.005	29.70^{bB}	3.89^{b}	63.07^{cB}
0.01	27.40^{bB}	3.88^{b}	41.25^{cB}
0.05	70.33^{aA}	8.03^{ab}	223.66^{bcAB}
0.10	70.45^{aA}	9.69^{ab}	465.65^{aA}
0.15	71.50^{aA}	13.76^{a}	373.66^{aA}
叶			
0（CK）	23.73^{b}	3.62^{cB}	56.40^{bB}
0.005	24.00^{b}	4.02^{cB}	42.21^{bB}
0.01	26.67^{b}	4.42^{cB}	41.20^{bB}
0.05	24.93^{b}	6.71^{bcB}	74.04^{bB}
0.10	38.80^{ab}	10.93^{abAB}	290.40^{aA}
0.15	41.83^{a}	15.24^{aA}	275.30^{aA}

注：同列相同小写字母表示同一部位不同浓度处理间差异不显著（$P > 0.05$），不同字母表示差异显著（$P < 0.05$）；相同大写字母表示处理间差异不显著（$P > 0.01$），不同字母表示差异极其显著（$P < 0.01$）。

5.3.2.2 白三叶根、茎、叶水浸提液对鸭茅幼苗 MDA 含量的影响

由表 5-2 可见，白三叶不同部位不同浓度水浸提液对鸭茅幼苗的 MDA 含量存在显著的影响（$P < 0.05$），且随着浓度的增加，鸭茅幼苗的 MDA 含量均表现出升高的趋势。且各部位水浸提液均是在 0.15 g/mL 浓度下 MDA 含量最高，根、茎、叶浸液分别为 22.68 nmol/g、13.76 nmol/g、15.24 nmol/g，均分别显著高于对照和低浓度处理（0.005~0.01 g/mL）（$P < 0.05$）。且不同部位水浸液对鸭茅的影响不一致。其中，根浸提液，高浓度 0.15 g/mL 和 0.10 g/mL 分别极显著高于其他浓度和对照处理（$P < 0.01$），且前两者差异极显著（$P < 0.01$），而其他浓度处理差异不显著（$P > 0.05$）；茎浸提液，高浓度 0.15 g/mL 显著高于低浓度（0.005~0.01 g/mL）处理（$P < 0.05$），而除高浓度 0.15 g/mL 之外的浓度处理之间差异均不显著（$P > 0.05$），而叶浸提液，除 0.1 g/mL 与浓度 0.15 g/mL 差异不显著（$P > 0.05$）外，其他浓度处理均与高浓度 0.15 g/mL 差异极显著（$P < 0.01$）。表明白三叶返青期不同部位水浸提液均是低浓度（0.005~0.01 g/mL）对鸭茅的化感不显著，高浓度（根、叶 0.10~0.15 g/mL 和茎 0.15 g/mL）对鸭茅产生明显抑制，高浓度下 MDA 含量增加，植物细胞膜质过氧化程度增加，细胞膜受到严重伤害。且白三叶不同部位水浸提液对鸭茅幼苗 MDA 含量的化感作用不一致，其中根明显高于茎、叶。

5.3.2.3 白三叶根、茎、叶水浸提液对鸭茅幼苗脯氨酸含量的影响

由表 5-2 可知，白三叶不同部位不同浓度水浸提液对鸭茅幼苗的脯氨酸含量存在极显著的影响（$P < 0.01$）。且不同部位水浸提液对鸭茅幼苗脯氨酸的影响不一致。根浸提液随着浓度的增加，鸭茅幼苗的脯氨酸含量表现出先增加后降低的趋势，浓度 0.10 g/mL 显著高于其他浓度和对照处理（$P < 0.05$），而其他浓度处理差异不显著（$P > 0.05$）；茎和叶浸提液均是随着浓度的不断增加，鸭茅幼苗的脯氨酸含量均表现出升高的趋势。其中，茎浸提液高浓度 0.15 g/mL 极显著高于其他浓度和对照处理（$P < 0.01$），与 0.10 g/mL 差异不显著（$P > 0.05$），而 0.10 g/mL 显著高于其他浓度和对照处理（$P < 0.05$）。叶浸提液高浓度 0.15 g/mL 和 0.10 g/mL 分别极显著高于低浓度（0.005~0.01 g/mL）和对照处理（$P < 0.01$），且前两者差异不显著（$P > 0.05$）。且茎和叶浸提液均是随着浓度的不断增加，鸭茅幼苗的脯氨酸含量均表现出升高的趋势。表明除根以外，茎和叶浸提液对鸭茅幼苗脯氨酸含量的影响均是低浓度没有显著影响，高浓度（0.10~0.15 g/mL）显著抑制，且茎的抑制高于叶。而根浸提液只有 0.10 g/ml 浓度对鸭茅脯氨酸产生显著的影响。

5.3.2.4 白三叶不同部位水浸提液对鸭茅幼苗抗氧化酶活性的影响

(1) 白三叶根、茎、叶水浸提液对鸭茅幼苗 SOD 活性的影响

由表 5-3 可以看出,白三叶不同部位不同浓度水浸提液对鸭茅幼苗的 SOD 活性存在显著的影响（$P < 0.05$）。其中,茎和叶浸提液随着浓度的增加,鸭茅幼苗的 SOD 活性均整体表现出增加趋势。其中,茎浸提液,高浓度 0.10～0.15 g/mL 处理下的 SOD 活性极显著高于其他处理和对照处理（$P < 0.01$）,而前两者差异不显著（$P > 0.05$）。叶浸提液,无论是低浓度还是高浓度处理均显著高于对照（$P < 0.05$）,且 0.15 g/mL 处理与其他浓度处理差异极显著（$P < 0.01$）,而其余浓度处理差异不显著（$P > 0.05$）。而根浸提液,随着浓度的增加,鸭茅幼苗 SOD 活性表现出曲线变化的趋势,其中除 0.01 g/mL 和 0.10 g/mL 处理的 SOD 活性与对照差异不显著（$P > 0.05$）之外,其余处理均与对照差异显著（$P < 0.05$）,且高浓度 0.15 g/mL 处理的 SOD 活性最高,为 44.82 U/g。表明,白三叶不同部位水浸提液对鸭茅幼苗 SOD 活性的影响不同,其中叶和茎的影响明显高于根。且不同部位对鸭茅 SOD 活性的影响均不一致,其中茎浸提液表现出低浓度（0.005～0.05 g/mL）和高浓度（0.10～0.15 g/mL）均无显著影响;而叶浸提液均为抑制作用;根的影响呈"W"形。

(2) 白三叶不同部位水浸提液对鸭茅幼苗 POD 活性的影响

由表 5-3 可见,除根和茎浸提液对鸭茅幼苗的 POD 活性均没有显著影响（$P > 0.05$）外,白三叶叶浸提液不同浓度对鸭茅幼苗的 POD 活性产生显著影响（$P < 0.05$）,浓度 0.15 g/mL 处理极显著高于对照处理（$P < 0.01$）,其余处理均与对照差异不显著（$P > 0.05$）;且随着浓度的增加,鸭茅幼苗 POD 活性呈现出升高的趋势。表明白三叶不同部位水浸提液对鸭茅幼苗 POD 活性的影响不同,叶的影响明显高于根和茎,并表现出高浓度（0.15 g/mL）抑制,低浓度（0～0.10 g/mL）无显著影响的现象。

(3) 白三叶不同部位水浸提液对鸭茅幼苗的 CAT 活性的影响

由表 5-3 可见,随着根、茎、叶水浸提液浓度的不断增加,鸭茅幼苗的 CAT 活性均表现出整体降低的趋势,均在 0.15 g/mL 处理下的 CAT 活性达到最低,分别为 8.05 μmol/(g·min)、9.11 μmol/(g·min)、5.30 μmol/(g·min),极显著低于对照组（$P < 0.01$）;其中,根浸提液,除浓度 0.005 g/mL 和 0.05 g/mL 与对照差异不显著（$P > 0.05$）之外,其他处理均与对照差异显著（$P < 0.05$）,其中,0.10 g/mL 和 0.15 g/mL 与对照差异极显著（$P < 0.01$）,且这两个浓度处理差异不显著（$P > 0.05$）。茎浸提液高浓度（0.05～0.15 g/mL）极显著高

于浓度 0.005 g/mL 和对照组（$P < 0.01$），其余浓度与对照差异不显著（$P > 0.05$）。叶浸提液高浓度（0.05 ~ 0.15 g/mL）显著高于其他浓度处理和对照组（$P < 0.01$），且浓度 0.05 ~ 0.15 g/mL 差异不显著（$P > 0.05$）。表明白三叶不同部位水浸提液对鸭茅幼苗 CAT 活性的影响不同，其中茎和叶的影响明显高于根。且各部位不同浓度对鸭茅幼苗 CAT 活性的影响大体一致，均是高浓度下 CAT 活性降低，对鸭茅幼苗生长起抑制作用，低浓度作用下影响不明显。

表 5-3　白三叶根、茎、叶水浸提液对鸭茅幼苗的 SOD、POD、CAT 活性的影响

浸提液浓度（g/mL）	SOD 活性（U/g）	POD 活性 [μmol/（g·min）]	CAT 活性 [μmol/（g·min）]
根			
0（CK）	5.88^{dD}	18.17^{ab}	30.43^{aA}
0.005	23.03^{bcC}	11.06^{b}	29.18^{aA}
0.01	10.50^{dCD}	14.08^{ab}	17.94^{bcAB}
0.05	33.48^{bAB}	38.13^{a}	25.14^{abA}
0.10	13.56^{dCD}	39.68^{a}	11.54^{cdB}
0.15	44.82^{aA}	40.21^{a}	8.05^{dB}
茎			
0（CK）	5.88^{bB}	18.17a	30.43^{abA}
0.005	9.65^{bB}	20.13a	33.38^{aA}
0.01	13.23^{bB}	16.65a	25.54^{abABC}
0.05	22.46^{bB}	53.42a	15.34^{bcBC}
0.10	71.74^{aA}	56.66a	10.48^{cC}
0.15	84.92^{aA}	40.43a	9.11^{cC}
叶			
0（CK）	5.88^{cB}	18.17^{bB}	30.43^{aA}
0.005	32.7^{bB}	20.99^{bB}	25.24^{aA}
0.01	24.72^{bB}	16.79^{bB}	28.49^{aA}
0.05	25.46^{bB}	12.52^{bB}	13.96^{bB}
0.10	27.55^{bB}	26.55^{bB}	9.86^{bcB}
0.15	76.73^{aA}	55.92^{aA}	5.30^{cB}

注：同列相同小写字母表示同一部位不同浓度处理间差异不显著（$P > 0.05$），不同字母表示差异显著（$P < 0.05$）；相同大写字母表示处理间差异不显著（$P > 0.01$），不同字母表示差异极其显著（$P < 0.01$）。

5.3.3 讨论

MDA 含量的多少在某种程度上反映膜脂过氧化和组织的抗氧化能力强弱的程度[34]。本研究中，随着白三叶各部位水浸提液浓度的增加，鸭茅幼苗中 MDA 含量呈现出不断升高的趋势，而且处理浓度越高，MDA 含量越高，表明细胞膜质发生过氧化或脱脂作用（形成 MDA）。这可能是由于 ROS 清除剂的活性直接或间接地受到抑制而造成的[35]。这意味着白三叶化感物质可以导致幼苗发生膜脂过氧化作用，进而影响鸭茅幼苗的生长。紫茎泽兰叶水提液对玉米及草本植物种子萌发和幼苗生长的影响[34-36]、银胶菊[37]及胜红蓟化感作用研究[34]与本研究结果相似。本研究得出，白三叶对鸭茅存在一定的化感作用，且鸭茅对白三叶不同部位化感作用的响应不一致。

脯氨酸是构成植物蛋白质的重要组分，以游离状态广泛存在于植物体中。在逆境条件下，植物体内要相应地发生一系列物质代谢变化以抵抗伤害和保持正常的生理功能，而脯氨酸的大量积累正是这些变化中最为明显的现象之一[38]。张永锋等[39]、Liu 和 Zhu[40]关于盐碱胁迫对苗期紫花苜蓿以及盐胁迫对拟南芥的研究得出：脯氨酸含量在植物遭遇胁迫情况时大量增加，是一种适应性响应，可以保护植物本身免受或少受逆境胁迫。本试验中白三叶的茎、叶浸提液随着浓度的不断提高，脯氨酸含量呈现增加的趋势，这与王秀英[41]、李敏等[42]、汤章城等[43]有关低温、盐胁迫及干旱胁迫等逆境胁迫的研究结果相似。而根浸提液随着浓度的不断提高，脯氨酸含量呈现先增加后降低的趋势，在浓度为 0.10 g/mL 时脯氨酸含量达到最大，这可能是白三叶根在外界环境胁迫条件下产生的一种对环境的适应性机制[44]。

朱旺生和沈益新的研究指出，白三叶释放酚类化感物质[45]。Ortega 等[46]和 Einhellig[47]研究得出，酚类化感物质通过影响细胞的生长和分化，进而影响植物的生长发育。Rice 等[48]研究报道，酚类化感物质能抑制受体植物 SOD 酶活性，使细胞内自由基的平衡和膜系统功能遭到破坏。张来和张显强的研究指出，随着白三叶茎叶浸提液浓度的增加，白菜、紫花地丁和四季红萝卜 SOD 活性呈下降趋势[49]，这与本研究的结果不同。本研究得出，白三叶茎和叶浸提液，随着浓度的增加，鸭茅 SOD 活性呈上升趋势，而根浸提液随着浓度的增加，鸭茅幼苗的 SOD 活性出现"W"形的曲线变化趋势。这可能是由于抗氧化酶的活性或含量受到逆境的胁迫而发生了改变[50]。而植物化感物质的产生和释放是植物在环境胁迫的选择压力下形成的，是植物进化过程中形成的一种适应性[44]。SOD能清除氧自由基，并控制膜脂过氧化水平，其在减轻膜伤害上可能起保护作用[49]，所以白三叶茎、叶浸提液通过提升酶活力来抵御对其产生的胁迫，而根浸提液的SOD活性出现不规律现象可能存在的原因有：首先，白三叶根的化感物质与土壤中的微生物相互作用而被分解[51]。其次，鸭茅幼苗体内的保护酶活性的升高可以有效分解植物体内因逆境产生的有害自由基[52]。最后，根浸提液胁迫鸭茅幼苗程度超过了SOD的调节能力[37]。说明白三叶的化感作用因受体植物不同而不同，不同植物的抗氧化酶系统对白三叶化感潜力的响应不一致。且与白三叶浸提液浓度有关，这可能与白三叶分泌的化感物质不同有关[53]。

5.3.4 结论

本研究通过对鸭茅幼苗REL、MDA、脯氨酸等氧化胁迫指标的测定，揭示出白三叶对鸭茅存在一定的化感作用，且其不同部位不同浓度水浸提液对鸭茅幼苗的化感潜力不同，整体表现出"低浓度无影响、高浓度抑制"或者"低促高抑"的现象。除SOD和POD以外，白三叶不同部位的水浸提液对鸭茅的化感作用强弱为：茎＞叶≈根，而白三叶对鸭茅幼苗SOD和POD活性的影响，表明叶浸提液的化感潜力明显高于根和茎。因此，白三叶+鸭茅混播建植过程中，应控制白三叶的比例，使其发挥其化感有利的促进作用。本研究仅是白三叶返青期不同部位水浸提液对鸭茅幼苗生长影响的初步研究，至于白三叶与鸭茅混播比例条件下白三叶化感潜力分析，以及白三叶对鸭茅成株化感作用机制仍然有待进一步探索。

参考文献

[1] 周自玮, 孟广涛, 毛熔, 等. 三种多年生牧草保水能力及土壤改良作用的研究[J]. 中国草地学报, 2008(1): 66–71.

[2] 许清涛, 黄宁, 巴雷, 等. 不同放牧强度下草地植物格局特征的变化[J]. 中国草地学报, 2007(2): 7–12.

[3] 赵俊权. 18种引进优良牧草混播草地生产力和群落稳定性及可持续利用研究[D]. 兰州: 兰州大学, 2007.

[4] 刘贵林, 卢琪, 代志进. 人工草地生态效益的研究[J]. 贵州畜牧兽医, 2001(5): 38–37.

[5] 耿文诚, 铁云华, 尹忠民, 等. 不同刈割处理对白三叶及杂草盖度的影响[J]. 中国草地学报, 2007(3): 116–120.

［6］王元清，张瑞珍，何光武，等．川东地区白三叶引种适应性试验研究［J］．草业科学，2011(2): 255-259.

［7］钟声，黄梅芬，段新慧．中国西南横断山区的野生鸭茅资源［J］．植物遗传资源学报，2010(1): 1-4.

［8］钟声，奎嘉祥．滇西北的温带牧草种质资源［J］．四川草原，2000(1): 22-25.

［9］ZHANG X Q, SALOMON B, VON BOTHMER R. Application of random amplified polymorphic DNA markers to evaluate intraspecific genetic variation in the *Elymus alaskanus complex* (Poaceae)[J]. Genetic Resources and Crop Evolution, 2002, 49(4): 399-409.

［10］ZENG B, ZHANG X Q, LAN Y, et al. Evaluation of genetic diversity and relationships in orchardgrass (*Dactylis glomerata* L.) germplasm based on SRAP markers[J]. Canadian Journal of Plant Science, 2008, 88(1): 53-60.

［11］徐倩，才宏伟，刘艺杉，等．16个国外鸭茅种质材料引种与初步评价［J］．草业科学，2011 (4): 597-602.

［12］孔垂华，胡飞．植物化感相生相克作用及其应用［M］．北京：中国农业出版社，2001: 2-4.

［13］孔垂华．植物化感作用研究中应注意的问题［J］．应用生态学报，1998, 9(3): 332-336.

［14］黄高宝，紫强，黄鹏．植物化感作用影响因素的再认识［J］．草业学报，2005, 14(2): 16-22.

［15］李志华，沈益新．不同品种紫花苜蓿冬季再生草的化感作用研究［J］．草业学报，2006, 15(4): 36-42.

［16］杨春华，李向林，张新全，等．扁穗牛鞭草组织浸出液对潜在混生种萌发及幼苗的影响［J］．草业学报，2006, 15(5): 38-44.

［17］税军峰，张玉琳，马永清．白三叶对黑麦草、弯叶画眉草的化感作用初探［J］．草业科学，2007, 24(1): 48-51.

［18］李志华，沈益新，薛萍，等．黑麦草、草地早熟禾、剪股颖和白三叶草的化感作用初探［J］．中国草地，2003, 25(1): 31-38.

［19］白雪芳，张宝琛．植物化学生态学中的克生作用在草业上的表现［J］．草业科学，1995, 12: 70-72.

［20］余叔文．植物生理与分子生物学［M］．北京：科学出版社，1992: 377-385.

［21］陈朝伟．鸭茅混播草地的建植管理利用技术措施［J］．贵州畜牧兽医，2006(3): 39-40.

［22］黄顶，张英俊，韩建，等．白三叶、多年生黑麦草和鸭茅光合生理生态特性研究［J］．中国农业大学学报，2006(2): 44-48.

[23] 蒋建生. 滇东北低山丘陵白三叶-鸭茅混播人工草地肉牛放牧系统优化研究[D]. 兰州：甘肃农业大学, 2002.

[24] 匡崇义, 奎嘉祥, 吴文荣, 等. 云南省牧草品种混播及示范推广研究报告[J]. 四川草原, 2002(4): 17-21.

[25] 李莉, 王元素, 洪绂曾, 等. 喀斯特地区长期草地利用制度对群落稳定性的影响[J]. 生态环境学报, 2011(Z2): 1204-1208.

[26] 曾明义. 刈割次数对人工割草地牧草收获量和持续生产力的影响[J]. 西南农业学报, 1989(3): 82-87.

[27] 钟声, 奎嘉祥, 周自玮. 牧草替代控制紫茎泽兰关键技术[J]. 植物保护, 2007(3): 16-19.

[28] 孔垂华. 植物化感作用研究中应注意的问题[J]. 应用生态学报, 1998, 9: 332-336.

[29] 颜桂军, 朱朝华, 骆焱平, 等. 胡椒、芒果和黄皮的化感作用潜力[J]. 应用生态学报, 2006, 17(9): 1633-1636.

[30] 侯迷红, 范富, 宋桂云, 等. 不同配方营养液对三种叶菜产量和品质的影响[J]. 内蒙古民族大学学报（自然科学版）, 2009, 26(5): 542-543.

[31] 张治安, 张美善, 蔚荣海. 植物生理学实验指导[M]. 北京：中国农业科学技术出版社, 2004.

[32] 王晶英, 敖红, 张杰, 等. 植物生理生化实验技术与原理[M]. 哈尔滨：东北林业大学出版社, 2003.

[33] 张志良, 瞿伟菁, 李小芳. 植物生理学实验指导[M]. 北京：高等教育出版社, 2009.

[34] 徐成东, 浦雪梅, 李国树, 等. 紫茎泽兰叶水提液对玉米种子萌发和幼苗生长的影响[J]. 华北农学报, 2010, 25(增刊): 124-127.

[35] 徐涛, 孔垂华, 胡飞. 胜红蓟化感作用研究Ⅲ. 挥发油对不同营养水平下植物的化感作用[J]. 应用生态学报, 1999, 10(6): 748-750.

[36] 郑丽, 冯玉龙. 紫茎泽兰叶片化感作用对10种草本植物种子萌发和幼苗生长的影响[J]. 生态学报, 2005, 25(10): 2781-2787.

[37] 陈业兵. 银胶菊化感潜力及其潜在化感物质的分离鉴定[D]. 泰安：山东农业大学, 2010.

[38] WILLIAM V D, SHARON S E. Isolation, assay, biosynthesis, metabolism, uptake and translocation, and function of proline in plant cells and tissues[J]. The Botanical Review, 1981 (3): 501-510.

[39] 张永锋, 梁正伟, 隋丽, 等. 盐碱胁迫对苗期紫花苜蓿生理特性的影响[J]. 草业学报, 2009, 18(4): 230-235.

[40] LIU J, ZHU J K. Proline accumulation and salt-stree-induced gene expression in a salt-hypersensitive mutant of *Arabidopsis*[J]. Plant Physiology, 1997, 114(2): 591-596.

[41] 王秀英, 张大惠, 李恩彪, 等. 低温处理对黄花乌头抗逆性的影响[J]. 江苏农业科学, 2010(5): 101-106.

[42] 李敏, 马金龙. 盐胁迫及干旱胁迫对三种杨树脯氨酸含量的影响[J]. 湖南农业科学, 2013(1): 7-11.

[43] 汤章城, 王育启, 吴亚华, 等. 高粱幼苗对高渗培养液的生长、生理反应及其抗逆性[J]. 植物生理学报, 1984(1): 9-15.

[44] 孔垂华, 徐涛, 胡飞, 等. 环境胁迫下植物的化感作用及其诱导机制[J]. 生态学报, 2000, 20(5): 853.

[45] 朱旺生, 沈益新. 白三叶和高羊茅不同品种对萝卜幼苗的化感作用[J]. 南京农业大学学报, 2004, 27(1): 28-31.

[46] ORTEGA R C, ANAYA A L, RAMOS A L. Effects of allelopathic compounds of compollen on respiration and celldibision of waterme lon[J]. Journal of Chemical Ecology, 1988, 14: 71-86.

[47] EINHELLIG F A. VH chanism and mode of action allelochem icals[A]. In: PUTNAM A R, TANG C S, Eds. The Science of Alle lopathy[C]. Wiley, New York, 1986.

[48] RICE S Z, AZIM U M. Selected ectom ycorrh izal fungi of blacksp ruce (*Picea mariana*) can detoxify phenolic compounds of Kalm ia angustifolia [J]. Journal of Chemical Ecology, 2006, 32: 1473-1489.

[49] 张来, 张显强. 白三叶提取液对3种植物种子萌发和幼苗生长的影响[J]. 种子, 2011, 30(1): 21-24.

[50] BANERJEE B D, SETH V, BHATTARYA A. Biochemical effects of some pesticides on lipid peroxidation and free-radical scavengers[J]. Toxical Letters, 1999, 107: 33-47.

[51] 倪广艳, 彭少麟. 外来入侵植物化感作用与土壤相互关系研究进展[J]. 生态环境, 2007, 16(2): 644-648.

[52] 鲍观娟, 魏冬, 豆威, 等. 紫茎泽兰叶片水提液对鸭茅种子发芽、幼苗生长及保护酶的影响[J]. 中国农学通报, 2010, 26(1): 182-188.

[53] 张晓芳, 王金信. 白三叶草挥发物的化感作用及其化学成分分析[J]. 植物保护学报, 2011, 38(4): 374-378.

5.4 开花期白三叶化感作用对鸭茅幼苗生理参数的影响

化感作用是近年来植物生理生化研究的热点之一。化感作用, 又称他感作用或异株克生作用，指的是一个活体植物通过向环境中释放其生产的某些化学物质，从而影响周围植物的生长发育，这种作用包括促进和抑制两个方面[1,2]。化感作用在植物中广泛存在[3-5]。研究表明，白三叶与多年生黑麦草、弯叶画眉草、红三叶等混播，存在一定程度的化感效应[6-9]。还有研究表明，鸭茅种子萌发及幼苗生长对紫花苜蓿和紫茎泽兰存在明显的化感响应，且鸭茅对不同浓度水提液化感作用的感应强度不同[10-12]。白三叶+鸭茅混播草地在我国西南地区有着广泛应用[13-19]，而放牧是白三叶+鸭茅混播草地最主要的利用方式[20-22]。而关于化感作用在白三叶+鸭茅混播草地建植和利用中的研究报道较少。本研究主要开展开花期白三叶不同部位浸提液处理鸭茅幼苗，旨在明确鸭茅生长对白三叶化感作用的响应机理。

5.4.1 材料与方法

5.4.1.1 材料

试验所用提取液的供体牧草白三叶来自云南省草地动物科学研究院昆明小哨试验基地（N 25°11′，E102°59′，海拔 1 995 m）。受体植物是鸭茅（品种为安巴）。

5.4.1.2 方法

（1）样品采集与处理

挖取开花期白三叶植株，剔除枯叶腐叶用清水冲洗 5~6 次，再用无菌双蒸水冲洗 2~3 次直至冲洗干净，用无菌滤纸吸干水分。清理干净后，将其茎、叶、根进行分离，再分别剪成 1~2 cm 长小段样品备用。

（2）白三叶浸提液的制备

将洗净剪好的根、茎、叶样品分别称重，置于 500 mL 锥形瓶，按 1 g 样品加 4 mL 无菌双蒸水进行配制，封口后置于摇床，室温下浸泡震荡 48 h，之后进行过滤获得的滤液即是 0.25 g/mL 浸提液母液。再用无菌双蒸水将母液稀释成为 0.005 g/mL、0.01 g/mL、0.05 g/mL、0.10 g/mL 和 0.15 g/mL 的处理浓度，置于 4 ℃冰箱保存备用。

（3）试验处理

利用人工气候培养箱（一恒 MGC-350）进行幼苗培育。用发芽盘进行鸭茅种子萌发，20 ℃黑暗 3 d，第 4 d 开始每天光照 25 ℃ 10 h，黑暗 20 ℃ 14 h，培养 12 d（鸭茅幼苗长度 4~5 cm）时，挑选生长一致幼苗，移栽至发芽盒（19 cm×13.5 cm×8 cm）上，每个发芽盒装有全浓度霍格兰德（Hoagland）营养液 800 mL，营养液每 3 d 更换 1 次。培养 12 d 后，用预选配好的茎、叶、根浸提液替换营养液，进行浸提液处理。处理期间，每天 25 ℃ 10 h 光照，20 ℃ 14 h，无菌双蒸水为对照处理。处理 10 d 采集样品进行指标测定。

5.4.1.3 指标测定

测定指标是鸭茅幼苗 REL、MDA、SOD 活性、CAT 活性等，测定方法参照植物生理学实验指导测定方法[23-25]。

5.4.1.4 数据处理

试验数据采用 Excel 2010 进行数据整理，采用 SPSS 19.0 进行方差分析。

5.4.2 结果与分析

5.4.2.1 鸭茅幼苗叶片和根系 REL 对开花期白三叶不同部位浸提液的响应

植物 REL 是反映牧草抗逆性的重要指标之一[26]。鸭茅幼苗叶片 REL 对开花期白三叶茎、叶、根浸提液的响应不同（表 5-4）。无论是茎浸提液还是根浸提液，随着浓度增加鸭茅幼苗叶片 REL 均表现出逐步上升趋势。根浸提液在浓度 0.10 g/mL 时，鸭茅幼苗叶片 REL 达到最大，比对照增加 122.0%；且浓度 0.10～0.15 g/mL 处理极显著高于对照（$P<0.01$）。茎浸提液在最大浓度 0.15 g/mL 时鸭茅叶片 REL 达到最大，比对照增加 175.0%；0.05～0.15 g/mL 浓度处理极显著高于对照（$P<0.01$）。然而，与根、茎浸提液不同，白三叶叶浸提液处理下，鸭茅幼苗叶片 REL 无明显上升趋势（$P>0.05$）。由此得出鸭茅叶片 REL 对开花期白三叶茎、根浸提液的响应要比叶浸提液更加敏感。

表 5-4 鸭茅幼苗叶片 REL、MDA 含量和脯氨酸含量对开花期白三叶不同部位浸提液的响应

	浸提液浓度（g/mL）	REL（%）	MDA 含量（nmol/g）	脯氨酸含量（μg/g）
根浸提液	0（CK）	30.85^{Bcd}	8.01^{Bc}	114.59^{Bc}
	0.005	24.35^{Bd}	13.79^{Bb}	48.00^{Bd}
	0.01	28.7^{Bcd}	13.27^{Bb}	50.50^{Bd}
	0.05	36^{Bc}	13.78^{Bb}	109.00^{Bc}
	0.1	68.5^{Aa}	22.24^{Aa}	192.20^{ABb}
	0.15	56.3^{Ab}	23.20^{Aa}	291.16^{Aa}

续表

浸提液浓度(g/mL)		REL(%)	MDA 含量(nmol/g)	脯氨酸含量(μg/g)
茎浸提液	0（CK）	30.85^{Bb}	8.01^{Ed}	114.59^{Ccd}
	0.005	31.9^{Bb}	12.20^{Dc}	69.66^{Cd}
	0.01	32.15^{Bb}	12.57^{Dc}	81.50^{Ccd}
	0.05	70.8^{Aa}	19.63^{Bb}	140.50^{Cc}
	0.1	74.6^{Aa}	34.74^{Aa}	556.81^{Aa}
	0.15	84.7^{Aa}	33.69^{Aa}	450.51^{Bb}
叶浸提液	0（CK）	30.85	8.01^{Cd}	114.59^{BCb}
	0.005	30.75	27.14^{Aa}	51.48^{Cb}
	0.01	34.55	15.23^{Bc}	93.61^{BCb}
	0.05	27.25	14.82^{Bc}	68.76^{Cb}
	0.1	42.8	12.65^{BCc}	257.87^{ABa}
	0.15	47.75	21.88^{Ab}	290.82^{Aa}

注：同列相同小写字母表示同一部位不同浓度处理间差异不显著（$P > 0.05$），不同小写字母表示差异显著（$P < 0.05$）；相同大写字母表示处理间差异不显著（$P > 0.01$），不同大写字母表示差异极显著（$P < 0.01$）。下同。

鸭茅幼苗根系 REL 对开花期白三叶茎、叶、根浸提液的响应明显不同（$P < 0.05$）（表5-5）。不同部位浸提液处理下，随着浓度增加鸭茅幼苗根系 REL 整体上表现出上升趋势，均在最大浓度 0.15 g/mL 处理时，鸭茅幼苗根系 REL 达到最大值，分别比对照增加 189.0%、201.0% 和 63.0%。根浸提液处理下，0.05～0.15 g/mL 浓度处理极显著高于对照（$P < 0.01$）。茎浸提液处理下，所有浓度处理均极显著高于对照（$P < 0.01$）。叶浸提液处理下，0.005 g/mL 和 0.10～0.15 g/mL 处理极显著高于对照（$P < 0.01$）。相比叶浸提液，鸭茅幼苗根 REL 对白三叶根、茎浸提液的响应要更加敏感，尤其是茎浸提液。

表 5-5　鸭茅幼苗根系 REL、MDA 含量和脯氨酸含量对开花期白三叶不同部位浸提液的响应

	浸提液浓度（g/mL）	REL（%）	MDA 含量（nmol/g）	脯氨酸含量（μg/g）
根浸提液	0（CK）	21.4^{Cc}	12.39^{ab}	119.84^{Bb}
	0.005	24.9^{BCc}	12.24^{ab}	131.23^{Bb}
	0.01	22.5^{Cc}	11.77^{ab}	138.91^{Bb}
	0.05	32.85^{Bb}	14.18^{a}	350.79^{Aa}
	0.10	57.75^{Aa}	11.77^{ab}	119.37^{Bb}
	0.15	61.9^{Aa}	10.89^{b}	95.79^{Bb}
茎浸提液	0（CK）	21.4^{Dd}	12.39^{Dc}	119.84^{Bc}
	0.005	26.2^{Cc}	11.19^{Dc}	170.68^{Bb}
	0.01	27.15^{Cc}	18.74^{ABab}	268.48^{Aa}
	0.05	58.7^{Bb}	19.75^{Aa}	255.00^{Aa}
	0.10	62.8^{ABa}	17.50^{BCab}	147.79^{Bbc}
	0.15	64.65^{Aa}	16.33^{Cb}	146.39^{Bbc}
叶浸提液	0（CK）	21.4^{Cc}	12.39^{Bbc}	119.84^{Dd}
	0.005	26.45^{Bb}	9.32^{Bc}	122.00^{Dd}
	0.01	21.95^{Cbc}	14.02^{Bb}	117.67^{Dd}
	0.05	22.65^{Cbc}	12.33^{Bbc}	145.56^{Cc}
	0.10	32.4^{ABa}	19.10^{Aa}	181.59^{Bb}
	0.15	34.95^{Aa}	12.38^{Bbc}	258.44^{Aa}

5.4.2.2　鸭茅幼苗 MDA 含量对开花期白三叶不同部位浸提液的响应

鸭茅叶片 MDA 含量对开花期白三叶不同部位浸提液的响应不一致。其中，根及茎浸提液处理下，鸭茅叶片 MDA 含量随着浸提液浓度增加呈现出明显上升趋势（$P < 0.01$），均在浓度 0.15 g/mL 处理时，鸭茅叶片 MDA 含量最高，分别是 23.20 nmol/g 和 33.69 nmol/g。但是，鸭茅叶片 MDA 含量对开花期白三叶叶浸提液的响应不同于根和茎浸提液，在 0.005 g/mL 浓度处理时，鸭茅叶片 MDA 的含量最大，随着处理浓度不断增高呈现出先降低后升高趋势（$P < 0.05$）（表 5-4）。表明开花期白三叶叶浸提液对鸭茅生长的抑制作用

明显高于根和茎。

鸭茅根系 MDA 含量对开花期白三叶不同部位浸提液的响应较为一致，随着浓度的逐渐增加，均表现出先上升后下降趋势。且鸭茅根系 MDA 含量对开花白三叶茎及叶浸提液的响应较根浸提液更为敏感。白三叶茎浸提液 0.05 g/mL 时，鸭茅根系 MDA 含量就达到最高（$P<0.05$），0.01~0.15 g/mL 处理与对照差异极显著（$P<0.01$）。白三叶叶浸提液 0.10 g/mL 时，鸭茅根系 MDA 含量达到最高值，比对照增加 54.2%（$P<0.01$），而其余处理下的鸭茅根系 MDA 含量与对照差异不显著（$P>0.05$）；而白三叶根浸提液不同浓度处理下的鸭茅根系 MDA 含量差异不显著（$P>0.05$）（表 5-5）。表明白三叶茎、叶浸提液化感潜力要高于根浸提液。

5.4.2.3 鸭茅幼苗脯氨酸含量对开花期白三叶不同部位浸提液的响应

鸭茅叶片脯氨酸含量对开花期白三叶不同部位浸提液的响应存在显著差异（$P<0.05$）（表 5-4）。其中，白三叶根及叶浸提液，随着浓度的增加鸭茅幼苗受到抑制作用，脯氨酸含量呈增加趋势，均在 0.15 g/mL 处理浓度下达到最大，高浓度（0.10~0.15 g/mL）处理显著高于对照（$P<0.05$）。而白三叶茎浸提液在浓度 0.10 g/mL 时达到最大（$P<0.01$）。由此得出鸭茅幼苗叶片中脯氨酸含量均是在低浓度 0.005~0.05 g/mL 没有受到显著影响或受抑反应较低，在高浓度 0.10~0.15 g/mL 处理下表现出明显的受抑反应，且鸭茅幼苗叶片脯氨酸对茎浸提液的响应要比叶和根浸提液更加敏感。

鸭茅根系脯氨酸含量对开花期白三叶不同部位浸提液的响应不一致（表 5-5）。随着叶浸提液浓度增加，鸭茅幼苗根系脯氨酸含量呈现出不断升高趋势，在浓度 0.05~0.15 g/mL 处理下极显著高于对照（$P<0.01$）。但是，鸭茅幼苗根系脯氨酸含量对开花期白三叶根及茎浸提液的响应均呈先升高后下降趋势。在根浸提液处理下，浓度 0.05 g/mL 处理时鸭茅根系脯氨酸含量达到最大，显著高于对照（$P<0.01$），其余处理间均无明显差异（$P>0.05$）。在茎浸提液处理下，浓度 0.005~0.05 g/mL 处理下鸭茅根系脯氨酸含量极显著高于对照，在低浓度 0.005 g/mL 处理时，鸭茅就表现出明显受抑效应（$P<0.05$）；而白三叶叶及根浸提液均是在 0.05 g/mL 处理时鸭茅才表现出明显受抑效应（$P<0.05$），这表明鸭茅根系脯氨酸对白三叶茎浸提液的受抑响应要早于根及叶浸提液，这与鸭茅叶片脯氨酸的响应较为一致。

5.4.2.4 鸭茅幼苗抗氧化酶活性对开花期白三叶不同部位浸提液的响应

（1）SOD 活性

白三叶根和茎浸提液处理下，鸭茅幼苗叶片中 SOD 活性均呈现出先上升后下降趋势。其中，根浸提液在浓度 0.05 g/mL 处理下鸭茅叶片 SOD 活性达到最大，显著高于 0.005 g/mL 和 0.01 g/mL 浓度处理（$P < 0.05$），但与对照差异不显著（$P > 0.05$）（图 5-4A）。茎浸提液处理下，0.10 g/mL 浓度处理下的鸭茅叶片 SOD 活性达到最大，极显著高于对照和其他处理（$P < 0.01$），低浓度 0.005~0.01 g/mL 处理下的 SOD 活性极其显著低于对照（$P < 0.01$）（图 5-4B）。然而，叶浸提液处理各浓度处理间差异不显著（$P > 0.05$）（图 5-4C）。以上表明，鸭茅幼苗叶片 SOD 活性对开花期白三叶不同部位浸提液的响应不一致，其中根和茎浸提液呈现出"凸"规律，在中间浓度处理下的 SOD 活性达到最大；而叶浸提液均为抑制作用；鸭茅幼苗叶片 SOD 活性对白三叶茎和根浸提液的响应要明显高于叶浸提液。

随着白三叶根、茎、叶浸提液浓度的增加，鸭茅幼苗根系 SOD 活性均表现出先上升后下降趋势，且均在浓度 0.10 g/mL 处理下 SOD 活性达到最大，极显著高于对照和其他处理（$P < 0.01$），分别比对照增加 214%、465% 和 180%。由此可见，鸭茅根系 SOD 活性对开花期白三叶茎浸提液的响应要比根和叶浸提液更加明显（图 5-4）。白三叶根和茎浸提液处理下，均是低浓度 0.005 g/mL 处理与对照差异不显著（$P > 0.05$），高浓度（0.05~0.15 g/mL）与对照差异极显著（$P < 0.01$）。而叶浸提液，低浓度 0.005 g/mL 处理显著低于对照（$P < 0.05$），高浓度（0.05~0.15 g/mL）处理均显著高于对照（$P < 0.05$）（图 5-4C）。由此得出鸭茅幼苗 SOD 活性对开花期白三叶茎浸提液的响应要比根和叶浸提液更加明显。

（2）POD 活性

白三叶根浸提液处理下，鸭茅幼苗叶片中的 POD 活性整体呈现出明显下降趋势（$P < 0.05$）。其中，根浸提液处理下，鸭茅叶片 POD 活性均极显著低于对照（$P < 0.01$）（图 5-5）；茎浸提液处理下，不同浓度处理均与对照差异极显著（$P < 0.01$），浓度 0.005 g/mL 处理下的鸭茅叶片 POD 活性极显著高于对照（$P < 0.01$）（图 5-6）；叶浸提液处理下，低浓度 0.005 g/mL、0.01 g/mL 处理下的鸭茅叶片 POD 活性均显著大于对照（$P < 0.05$），其余浓度处理均极显著低于对照（$P < 0.01$）（图 5-7）。由上得出鸭茅叶片 POD 活性对白三叶茎、叶浸提液的响应要比根浸提液更加敏感。

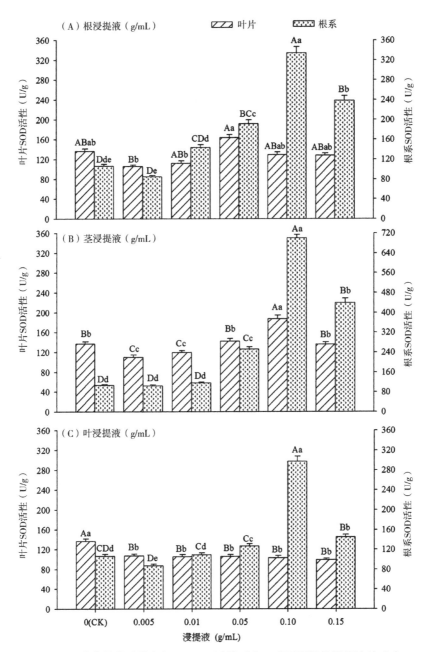

图 5-4　鸭茅幼苗叶片和根系 SOD 活性对白三叶不同部位浸提液的响应

注：不同大写字母表示对应酶活性差异极显著（$P < 0.01$）；不同小写字母表示对应酶活性差异显著（$P < 0.05$）。下同。

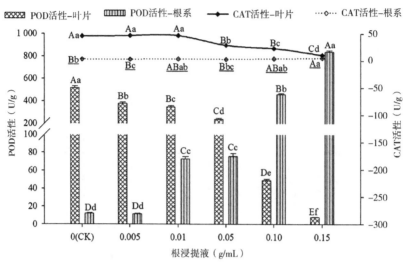

图 5-5　鸭茅幼苗 POD 和 CAT 酶活性对白三叶根浸提液的响应

注：字母下划线是表示 CAT 酶活性的差异性。下同。

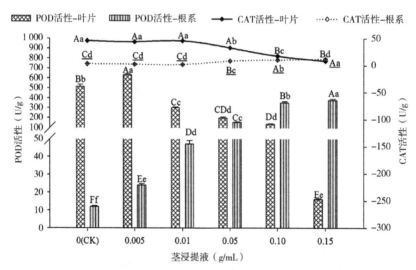

图 5-6　鸭茅幼苗 POD 和 CAT 酶活性对白三叶茎浸提液的响应

白三叶不同部位浸提液处理下，鸭茅根系 POD 活性的响应不一致。其中，根浸提液和茎浸提液处理下，鸭茅根系 POD 活性呈整体上升趋势，均在高浓度 0.15 g/mL 处理下达到最大值，极显著高于对照和其他处理（$P<0.01$），分别是对照处理的 70.65 倍和 31.84 倍；茎浸提液所有浓度处理下鸭茅幼苗根系 POD 活性极显著高于对照（$P<0.01$）（图 5-5 和图 5-6）。叶浸提液处理下，随着浓度增加鸭茅根系 POD 活性呈现先升高后降低趋势，0.01～

0.15 g/mL 浓度处理下鸭茅根系 POD 活性极显著高于对照（$P < 0.01$）（图 5-7）。表明鸭茅根系 POD 活性对白三叶根和茎浸提液的响应比叶浸提液更加敏感。

（3）CAT 活性

鸭茅叶片和根系 CAT 活性对白三叶不同部位浸提液的响应不一致，且鸭茅叶片 CAT 活性对白三叶不同部位水浸体液的响应变化幅度整体要大于根系 CAT 活性的变化幅度。鸭茅叶片 CAT 活性对白三叶根浸体液和浸体液的响应较为一致，随着处理浓度的增加表现出先上升后下降的趋势，均在 0.01 g/mL 处理下达到最大，显著高于高浓度（0.05 g/mL、0.10 g/mL 和 0.15 g/mL）处理（$P < 0.05$），且与低浓度 0.005 g/mL 和对照处理差异不显著（$P > 0.05$）（图 5-5 和图 5-6）。然而，鸭茅叶片对白三叶叶浸提液的响应不同于根和茎浸提液，随着处理浓度增加，鸭茅叶片 CAT 活性呈显著下降趋势，不同浓度处理下的鸭茅叶片 CAT 活性均极显著低于对照处理（$P < 0.01$）（图 5-7）。

鸭茅根系 CAT 活性对白三叶不同部位浸提液的响应也不相同。其对白三叶根浸体液和浸体液的响应较为一致，随着处理浓度的增加整体呈现出上升趋势；在高浓度处理 0.15 g/mL 处理下的鸭茅根系 CAT 活性，极显著高于对照处理（$P < 0.01$）；且对茎浸提液的响应更为敏感（图 5-5 和图 5-6）。鸭茅根系对白三叶叶浸提液的响应不同于根和茎浸提液，随着处理浓度的增加，鸭茅叶片 CAT 活性整体呈缓慢下降趋势（图 5-7）。

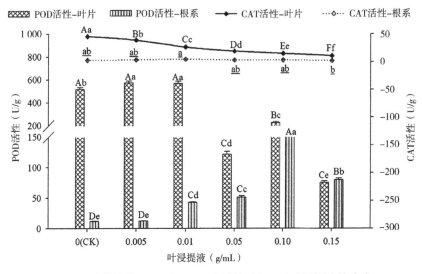

图 5-7 鸭茅幼苗 POD 和 CAT 酶活性对白三叶叶浸提液的响应

5.4.3 讨论

MDA 是反映膜脂过氧化和组织的抗氧化能力强弱程度的指标之一[27]，同时，也是一种有害物质，能与细胞内各种成分发生反应，导致膜结构及生理完整性被破坏[28]。本研究中，随着白三叶各部位浸提液浓度的增加，鸭茅幼苗叶片 MDA 含量呈上升趋势，这可能是由于鸭茅幼苗叶片膜质过氧化程度增强，引起了细胞酶和膜的严重损伤，进而导致 MDA 含量增加，也可能是由于 ROS 清除剂活性受到抑制而造成的[29]。这与紫茎泽兰叶水提液对玉米及草本植物种子萌发和幼苗生长的影响、艾蒿水提物对黄瓜和萝卜幼苗化感作用研究结果相似[27, 30-31]。而鸭茅根系 MDA 的含量随着白三叶不同部位不同浓度的逐渐升高，呈现先升高后降低趋势，鸭茅幼苗根系 MDA 在达到最大值之后又出现降低现象，可能是由于鸭茅根系一些化感物质被释放出，或者是在环境胁迫条件下产生的一种对环境的适应机制[32]。

有研究指出，白三叶植株释放酚类化感物质[33]，这些酚类化感物质会影响植物细胞的生长和分化，进而影响植物生长发育[34-35]，酚类也能抑制受体植物 SOD 酶活性，使细胞内自由基的平衡和膜系统功能遭到破坏[36]。研究指出，SOD 可以清除植物体内的氧自由基，调节膜脂过氧化水平，保护细胞膜[37]。在白菜等植物上的研究指出，随着白三叶茎叶浸提液浓度的增加，白菜、紫花地丁和萝卜幼苗 SOD 活性呈下降趋势[38]，这与本研究的结果不同。植物 SOD 活性下降表明 SOD 酶逐渐失去活性，进而导致受体植物鸭茅生长受到的抑制逐渐增强，这可能是植物抗氧化酶适应逆境胁迫的一种机制[37]，而植物化感物质是植物进化过程中应对环境胁迫形成的一种适应机制[38]。

5.4.4 结论

通过白三叶不同部位水浸提液处理下鸭茅幼苗 REL、MDA 含量、SOD 活性等生理指标的测定得出，鸭茅幼苗叶片和根系对开花期白三叶不同部位浸提液，以及同一部位不同浓度的化感作用响应不同。①鸭茅叶片和根系 REL 对开花期白三叶茎、根浸提液的响应要比叶浸提液更加敏感。②鸭茅幼苗叶片和根系 MDA 含量对白三叶不同部位浸提液的响应是茎和叶＞根。③从鸭茅幼苗脯氨酸含量变化可得出，白三叶不同部位浸提液表现出"低浓度无抑制，高浓度抑制"的影响，且茎＞根≈叶。④综合鸭茅叶片和根系

SOD、POD 和 CAT 活性变化，均表现出茎＞根≈叶。综合各项指标，得出开花期白三叶茎浸提液对鸭茅幼苗的化感作用较大，明显大于根和叶。因此，白三叶混播草地建植和管理中，需要严格控制白三叶的播种比例和繁殖比例，将其对混播植物的化感影响降到最低。

参考文献

[1] 孔垂华，胡飞. 植物化感相生相克作用及其应用 [M]. 北京：中国农业出版社，2001.

[2] 孔垂华. 植物化感作用研究中应注意的问题 [J]. 应用生态学报，1998, 9(3): 332-336.

[3] 黄高宝，紫强，黄鹏. 植物化感作用影响因素的再认识 [J]. 草业学报，2005, 14(2): 16-22.

[4] 李志华，沈益新. 不同品种紫花苜蓿冬季再生草的化感作用研究 [J]. 草业学报，2006, 15(4): 36-42.

[5] 杨春华，李向林，张新全，等. 扁穗牛鞭草组织浸出液对潜在混生种萌发及幼苗的影响 [J]. 草业学报，2006, 15(5): 38-44.

[6] 税军峰，张玉琳，马永清. 白三叶对黑麦草、弯叶画眉草的化感作用初探 [J]. 草业科学，2007, 24(1): 48-51.

[7] 李志华，沈益新，薛萍，等. 黑麦草、草地早熟禾、剪股颖和白三叶草的化感作用初探 [J]. 中国草地，2003, 25(1): 31-38.

[8] 白雪芳，张宝琛. 植物化学生态学中的克生作用在草业上的表现 [J]. 草业科学，1995, 12: 70-72.

[9] 余叔文. 植物生理与分子生物学 [M]. 北京：科学出版社，1992: 377-385.

[10] 钟声，段新慧，奎嘉祥. 紫茎泽兰对 16 种牧草发芽及幼苗生长的化感作用 [J]. 草业学报，2007(6): 81-87.

[11] 鲍观娟，魏冬，豆威，等. 紫茎泽兰叶片水提液对鸭茅种子发芽、幼苗生长及保护酶的影响 [J]. 中国农学通报，2010(1): 182-188.

[12] 董晓宁，高承芳，李文杨，等. 不同品种紫花苜蓿 (Medicago sativa) 的化感效应研究 [J]. 中国农学通报，2009(19): 95-99.

[13] 陈朝伟. 鸭茅混播草地的建植管理利用技术措施 [J]. 贵州畜牧兽医，2006(3): 39-40.

[14] 黄顶，张英俊，韩建国，等. 白三叶、多年生黑麦草和鸭茅光合生理生态特性研究 [J]. 中国农业大学学报，2006(2): 44-48.

[15] 蒋建生. 滇东北低山丘陵白三叶－鸭茅混播人工草地肉牛放牧系统优化研究 [D]. 兰州：甘肃农业大学，2002.

[16] 匡崇义, 奎嘉祥, 吴文荣, 等. 云南省牧草品种混播及示范推广研究报告[J]. 四川草原, 2002(4): 17–21.

[17] 李莉, 王元素, 洪绂曾, 等. 喀斯特地区长期草地利用制度对群落稳定性的影响[J]. 生态环境学报, 2011(22): 1204–1208.

[18] 曾明义. 刈割次数对人工割草地牧草收获量和持续生产力的影响[J]. 西南农业学报, 1989(3): 82–87.

[19] 钟声, 奎嘉祥, 周自玮. 牧草替代控制紫茎泽兰关键技术[J]. 植物保护, 2007 (3): 16–19.

[20] 蒋文兰, 瓦庆荣, 刘兴元. 贵州岩溶山区绵羊宿营法改良天然草地综合效果的研究 I 绵羊宿营时间、强度及牧草混播组合的处理效果[J]. 草业学报, 1996(1): 17–25.

[21] 袁福锦, 吴文荣, 金显栋, 等. 鸭茅+白三叶型混播放牧草地肉牛生产系统优化研究[J]. 草业科学, 2011(9): 1706–1710.

[22] 赵相勇, 孟军江, 周礼伦. 放牧强度对当年生混播草地和绵羊生产性能的影响[J]. 西南农业学报, 2011(4): 1543–1546.

[23] 张治安, 张美善, 蔚荣海. 植物生理学实验指导[M]. 北京: 中国农业科学技术出版社, 2004.

[24] 王晶英, 敖红, 张杰, 等. 植物生理生化实验技术与原理[M]. 哈尔滨: 东北林业大学出版社, 2003.

[25] 张志良, 瞿伟菁, 李小芳. 植物生理学实验指导[M]. 北京: 高等教育出版社, 2009.

[26] 杨国盟, 张美艳, 周鹏, 等. 返青期白三叶不同部位浸提液对鸭茅幼苗叶片生理参数的影响[J]. 西南农业学报, 2015, 28(1): 99–104.

[27] 徐成东, 浦雪梅, 李国树, 等. 紫茎泽兰叶水提液对玉米种子萌发和幼苗生长的影响[J]. 华北农学报, 2010, 25(增刊): 124–127.

[28] LIN C C, KAO C H. Effect of NaCl stress on H_2O_2 metabolism in rice leaves[J]. Plant Growth Regulation, 2000, 30: 151–155.

[29] 徐涛, 孔垂华, 胡飞. 胜红蓟化感作用研究Ⅲ. 挥发油对不同营养水平下植物的化感作用[J]. 应用生态学报, 1999, 10 (6): 748–750.

[30] 郑丽, 冯玉龙. 紫茎泽兰叶片化感作用对10种草本植物种子萌发和幼苗生长的影响[J]. 生态学报, 2005, 25(10): 2781–2787.

[31] 李美, 高兴祥, 高宗军, 等. 艾蒿对不同植物幼苗的化感作用初探[J]. 草业学报, 2010, 12(6): 114–119.

[32] 朱旺生, 沈益新. 白三叶和高羊茅不同品种对萝卜幼苗的化感作用[J]. 南京农业大学学报, 2004, 27 (1): 28–31.

[33] ORTEGA R C, ANAYA A L, RAMOS A L. Effects of allelopathic compounds of compollen on respiration and celldibision o f waterme lon[J]. Journal of Chemical Ecology, 1988, 14:71-86.

[34] EINHELLIG F A. VH chanism and mode of action allelochem icals[A]. In: PUTNAM A R, TANG C S, Eds. The Science of Alle lopathy[C]. Wiley, New York, 1986.

[35] Rice S Z, AZIM U M. Selected ectom ycorrh izal fungi of blacksp ruce (*Picea mariana*) can detoxify phenolic compounds of Kalm ia angustifolia [J]. Journal of Chemical Ecology, 2006, 32: 1473-1489.

[36] 张来, 张显强. 白三叶提取液对 3 种植物种子萌发和幼苗生长的影响 [J]. 种子, 2011, 30(1): 21-24.

[37] BANERJEE B D, SETH V, BHATTARYA A. Biochemical effects of some pesticides on lipid peroxidation and free-radical scavengers[J]. Toxical Letters, 1999, 107: 33-47.

[38] 孔垂华, 徐涛, 胡飞, 等. 环境胁迫下植物的化感作用及其诱导机制 [J]. 生态学报, 2000, 20(5): 853.